AF278087

Anomalías cósmicas
La ciencia frente a lo extraño

Aurélien Barrau

Anomalías cósmicas
La ciencia frente a lo extraño

Traducción de Miguel Paredes Larrucea

Alianza editorial
El libro de bolsillo

Publicado originalmente en Francia como:
Anomalies cosmiques. La science face à l'étrange,
por Aurélien Barrau

Diseño de colección: Estrada Design
Diseño de cubierta: Manuel Estrada
Fotografía de Javier Ayuso

PAPEL DE FIBRA
CERTIFICADA

© Dunod 2022, Malakoff
   El prefacio de Carlo Rovelli apareció originalmente en la edición en italiano titulada *Anomalie cosmiche* © 2024 Espress edizioni. Reproducido con permiso.
© de la traducción: Miguel Paredes Larrucea, 2024
© Alianza Editorial, S. A., Madrid, 2024
   Calle Valentín Beato, 21
   28037 Madrid
   www.alianzaeditorial.es

ISBN: 978-84-1148-746-7
Depósito legal: M. 11.583-2024
Printed in Spain

Si quiere recibir información periódica sobre las novedades de Alianza Editorial, envíe un correo electrónico a la dirección: alianzaeditorial@anaya.es

Índice

Prefacio de Carlo Rovelli

Aurélien Barrau, brillante astrofísico y cosmólogo, filósofo, comprometido cívica y políticamente, es uno de los intelectuales más interesantes y versátiles en el panorama del pensamiento contemporáneo. Su visión de la ciencia, influida por el pensamiento filosófico francés, es una de las más intrigantes e iluminadoras.

En este breve y límpido texto, Barrau realiza una operación que, *a posteriori*, asombra que no se haya hecho antes: una aguda y magistral presentación de todas las cosas que no cuadran en el actual marco teórico de la física fundamental y de la cosmología. Las cosas que no cuadran, las anomalías, las discrepancias, las incoherencias, los fenómenos esperados que no ocurren, los datos observacionales que no se pueden explicar. De la materia oscura a las anomalías del modelo estándar de partículas elementales, de las delusiones en la teoría de cuerdas a la confusión en torno a la baja entropía del pasado, del persistente misterio del Big Bang a la información perdida en los agujeros negros, de la incomprensibilidad de la mecánica cuántica a las singularidades de la relatividad general, *etc., etc.*, el libro revisa e ilustra los embarazos de la física fundamental.

Todo esto no representa un aspecto marginal del saber, escorias aún no resueltas, niebla que ocultar que ofusca la claridad de todo lo que en cambio sabemos y hemos aclarado. Al contrario: es el aspecto más vivo e interesante de nuestro saber, porque es de ahí de donde puede nacer lo nuevo. Es la fuente más viva de la que extraer para continuar la aventura del conocimiento.

Esperamos que algunos de estos enigmas se aclaren, otros permanecerán, pero algunos de ellos representarán, en palabras de Montale, el «error de la naturaleza, / el punto muerto del mundo, la anilla que no resiste, / el hilo por desenredar que nos ponga finalmente / en medio de una verdad».

Pero en este fulgurante libro Barrau hace algo más que enumerar las anillas que quizás no resistan en nuestra comprensión actual del mundo físico: nos ofrece una manera original y brillante de leer el sentido de nuestro propio saber que, más que a los «poetas laureados» de la ciencia, reconoce el valor crucial y la belleza de los puntos oscuros y la importancia de todos aquellos a los que expresa su agradecimiento al final del libro: «los traidores de la inercia sistemática [...] los piratas del logos y los bandidos del cosmos. Los poetas del desorden [...] los insolentes y los inapropiados [...] los desertores de la comodidad, los equilibristas de lo inestable».

El resultado es un espléndido librito que nos cuenta, mejor que tantos augustos tratados, lo que es la ciencia.

Prólogo
Todas las teorías son falsas

La ciencia se presenta a través de sus éxitos. Su historia es la de las elaboraciones que han triunfado. Su estructura misma se asimila, en nuestro inconsciente, a la arquitectura de sus descubrimientos. Deslumbra por su facultad de iluminar, como en connivencia con la Verdad. El hecho es que las teorías que funcionan son más interesantes de estudiar y más atractivas de entender que las que han resultado ser equivocadas. ¿La historia del conocimiento como un viaje casi descarado hacia el sol de la razón?

La situación, sin embargo, es un poco más compleja, y la simple dicotomía entre la verdad y el error no es en absoluto sostenible.

Literalmente hablando, todas las teorías son falsas. Un día serán reemplazadas por otros modelos mejores, que muy a menudo harán tabla rasa de los conceptos anteriores y reescribirán radicalmente los fundamentos mismos de lo real o de aquello que hace las veces de lo real. Y luego están las anomalías, como pequeñas pepitas, a la vez magníficas e inquietantes, que guían hacia esas revoluciones.

Nada permite nunca anticipar su advenimiento y menos aún su devenir. Se inmiscuyen por efracción en el paradigma. Gravan el edificio con fisuras asumidas. A menudo son extrañezas de destino anodino: ajustes anecdóticos o medidas más precisas las alisan y acaban por eliminarlas. En ese caso no habrán sido más que asperezas sin importancia. Pero otras veces persisten, aguantan, se obstinan y desatan tempestades. O más literalmente: catástrofes.

En este libro no se hablará mucho de ciencia establecida. La ciencia, por su misma esencia, está siempre ligada a lo efímero y lo frágil. Es un pensamiento inestable que se acepta como tal. Intrínsecamente crepuscular. Lo que intentaremos es descubrir, sin visión sistemática ni finalidad taxonómica, lejos de la exhaustividad y meticulosidad, algunas pejigueras que empañan nuestra comprensión del cosmos. Algunas piedras angulosas en las que tropiezan nuestros «modelos estándar».

A partir de estos problemas de múltiples resonancias y consecuencias inciertas se esbozan las premisas de una nueva ciencia que, en lo esencial, está por escribir. Se trata, sobre todo, de saber identificar la anomalía cuando aún no está considerada como tal. De hacer cuerpo con la incomodidad y avanzar en la intranquilidad.

1. Paradojas en el paradigma

La física es una creación condicional.

Sus reglas son estrictas: lenguaje matemático, adecuación a la experiencia, aprobación de los pares... No se puede decir lo que a uno le venga en gana. De todas las ciencias de la naturaleza, la física es quizás la más rigurosa y la más formal. En ella se desvelan subrepticiamente las leyes fundamentales del cosmos y la estructura de los constituyentes elementales de la materia. Con impudor, a veces; con elegancia, siempre. La física abre puertas traseras a lo íntimo de la realidad. Pero no deja de ser una creación. Las ecuaciones no revelan la «mismidad» del mundo. Constituyen más bien una proyección, culturalmente situada e históricamente connotada, sobre él. Las llamadas «leyes de la naturaleza» son en realidad poemas muy humanos, en diálogo susurrado con una alteridad que las sobrepasa.

La física y sus anomalías

La física permite describir magníficamente lo esencial de los fenómenos que nos rodean. Es precisa y predictiva. Satisface requisitos muy escrupulosos. Quizá incluso diga, como en filigrana, algo profundamente correcto sobre los misteriosos engranajes de un mundo que todavía se nos escapa. Desde la historia del universo hasta la estructura del átomo, desde el comportamiento de los granos de arena hasta la modelización del clima, nuestros conocimientos se han multiplicado por diez en poco más de un siglo.

Las teorías que funcionan, una vez aceptadas por la comunidad de especialistas, forman lo que se denomina un «modelo estándar». Lo cual no quiere decir que dichas teorías estén libres de defectos o que su origen sea algo perfectamente comprendido o esté completamente controlado. Tampoco las convierte en definitivas y menos aún en probadas. Más bien se trataría de indicar con estas palabras la dimensión asentada y aprobada de las propuestas en cuestión. Un modelo estándar ya no es una simple hipótesis entre otras, es el paradigma dentro del cual se despliega la ciencia de una época. Este pequeño libro pretende presentar las anomalías, es decir, aquello que precisamente escapa a estos modelos aceptados. Sus fisuras, sus incoherencias, sus incompletitudes. Si bien las anomalías pueden asustar por su poder deconstructivo, constituyen también preciosas pistas para elaborar una inevitable «nueva física». Son los gérmenes de futuras revoluciones, los signos aún indescifrables de los conceptos en gestación.

No faltan los ejemplos históricos en los que ínfimas dificultades dieron lugar a inmensas reorganizaciones intelectuales. Estas pequeñas aberraciones son aquello a partir de lo cual se esbozan las reescrituras de lo real. Lejos de poder relegarlas al rango de detalles insignificantes, las anomalías son guías indispensables para lanzar el pensamiento fuera de su senda inercial. Se trata, pues, de deambular aquí con las dificultades que, quizás, abrirán los nuevos horizontes de la ciencia en ciernes. Los problemas son invitaciones fascinantes a inventar otras posibilidades, más allá de los ajustes menores. Son las semillas a partir de las cuales se desarrollarán modos de intelección aún no imaginados y nuevos estratos de comprensión. Una teoría física no es solo un conjunto de ecuaciones: requiere una indispensable *interpretación,* que, lejos de constituir un apéndice secundario, se convierte en una dimensión esencial del corazón del edificio. La propia interpretación está a su vez sujeta a reelaboración, con consecuencias no menores.

Los modelos estándar constituyen el armazón de nuestra visión científica del mundo. Descansan a su vez en teorías marco: la mecánica cuántica, la relatividad general, la física estadística y la teoría del caos. En el capítulo siguiente esbozaremos, de manera un poco errática, sus significados y estructuras.

Un tiempo bisagra

Nuestro tiempo es crítico. Lo es, obviamente, porque ya ha comenzado la sexta extinción masiva de la vida sobre la Tierra. Catástrofe de la que somos culpables y pronto seremos víctimas. Más de la mitad de las poblaciones de animales salvajes han sido erradicadas en unas pocas décadas, más de la mitad de los insectos en pocos años, más de la mitad de los árboles en algunos milenios. Un millón de especies están amenazadas de extinción a corto plazo, la ONU habla de una situación de «riesgo existencial directo». Sin embargo, manifiestamente, no se hace nada: la humanidad occidental no quiere revisar sus valores y opta por sacrificar la vida antes que repensar su forma de habitar el espacio. Es, cabría decir, un metadrama demasiado a menudo reducido a las solas dimensiones de «contaminación» o «calentamiento global», cuando en realidad deriva de una quiebra axiológica radical mucho más profunda y sistémica. Por las buenas o por las malas, inevitablemente aprenderemos muy pronto que no se trampea impunemente con las leyes de la naturaleza. Ni con las fuerzas ancestrales de nuestras culturas[1].

Crítico es también este tiempo por la suficiencia que rezuma. Por su incapacidad para recibir la alteridad. Por su recurso al desprecio cuando se necesitaría la escucha, por su llamada a la tolerancia cuando se necesitaría el amor.

Pero también en el campo de las ciencias naturales se está dibujando una forma singular de criticidad. Desde hace más de cien años no se ha producido ninguna revolución importante. Obviamente se han realizado grandes avances. Tanto la precisión de nuestras medidas como la diversidad de nuestros conocimientos han aumentado vertiginosamente. Los progresos son notables en todos los campos. Las proezas tecnológicas se multiplican. Pero no ha habido ningún cambio cardinal. La ontología –el ser en tanto que ser– de lo real no ha sido repensada. Quizá nos falte audacia o, más aún, insolencia.

---

1. Teniendo presente que la distinción naturaleza/cultura constituye sin duda una de las invenciones más dañinas de la metafísica. Véanse los trabajos de Philippe Descola.

Quizá, y ante todo, lo que deberíamos hacer, en paralelo a la habitual reflexión científica, es cuestionar más las maneras de practicar la ciencia. Nos referimos obviamente a la organización económica y social de la investigación, que empeora cada año, tomando prestadas del sector privado sus peores derivas de la gestión empresarial. La fantasía de una «gestión de excelencia», anclada en la cultura de la evaluación, es profundamente opuesta a la dinámica propia de un pensamiento sutil y exploratorio. Numerosas son las advertencias, hechas por los más grandes científicos de nuestro tiempo, denunciando una visión estructuralmente ortogonal a la posibilidad misma de una gran revolución. La política científica ya no se preocupa gran cosa por la ciencia: se construye para responder a los indicadores arbitrarios que ella misma inventa para convencerse de su eficacia... El «derecho a la divagación», que sin embargo constituye en realidad un deber de rigor y humildad, ha caído en el olvido. Sustituir, por ejemplo, el respeto incondicional de la singularidad por la generalización de indicadores cuantificados de «bienestar en el trabajo» es sintomático de una perversión del sentido. De un fracaso.

Pero la necesaria reflexión se refiere sobre todo al plano de los objetivos y expectativas. Los físicos están a menudo obnubilados por la búsqueda de una «subestructura» que revele la naturaleza íntima de la materia. Se trata sin duda de una búsqueda legítima. Pero ni la relatividad ni la mecánica cuántica aparecieron porque se rompiera un sustrato en constituyentes elementales, revelando nuevos fundamentos. Lo imprevisible rara vez se produce cuando se busca de una manera simplona.

El deseo de acceder a las muy altas energías, es decir, a lo extremadamente pequeño, se manifiesta en los niveles experimentales y teóricos. En el primer caso, toma la forma del gigantismo de los aceleradores de partículas, verdaderos microscopios gigantes. En el segundo, ese deseo se echa de ver, en particular, en el desarrollo de «teorías de campo efectivas». Estas teorías intentan incorporar de forma genérica todos los efectos de las altas energías aún desconocidos, lo que constituye una auténtica proeza. El enfoque es fructífero. Pero el hecho es que esas teorías se revelan relativamente poco propicias para el surgimiento de verdaderas rupturas epistemológicas.

No hay duda de que, más que máquinas sensacionales o de grandes descubrimientos matemáticos, lo que nos falta hoy son anomalías que den lugar a rupturas. Nos faltan cosas extrañas que rompan constructivamente algunos edificios necrosados. Pero también nos falta generosidad y porosidad frente a estas pejigueras. Porque, muy a menudo, la anomalía ya está presente, ya está medida u observada, pero aún no pensada o aceptada como tal. La alteridad, una vez más, preocupa.

¿Qué hacer con las anomalías?

Cuando se manifiesta una anomalía, no es fácil interpretarla. A veces, rarezas relativamente similares pueden tener causas muy dispares y consecuencias no conmensurables.

En el movimiento del planeta Urano se habían observado incoherencias. Su trayectoria no cumplía exactamente lo previsto por las leyes de Newton. Estudiando de cerca este comportamiento, Urbain Le Verrier lanzó la atrevida hipótesis de la existencia de un nuevo planeta que «perturbaba» a Urano: Neptuno. Las irregularidades del comportamiento de Urano, descubierto 65 años antes por Herschel, parecían volverse completamente naturales si se postulaba la presencia de ese nuevo cuerpo celeste. Siguiendo este enfoque, Le Verrier logró también predecir la posición probable del nuevo planeta con una precisión de 5 grados, así como muchos de sus parámetros fundamentales. Unas semanas más tarde, Neptuno fue realmente observado.

Pero las cosas no siempre suceden así. El planeta Mercurio, por ejemplo, también presentaba una anomalía orbital. Su perihelio, el punto más cercano al Sol, se movía de manera ligeramente anormal con el tiempo. Poner de relieve este fenómeno fue una gran hazaña de observación, debida nuevamente a Le Verrier. Pero esta vez la explicación resultó ser radicalmente diferente. No era un cuerpo celeste desconocido el que se escondía detrás de la asombrosa deriva: fue la arquitectura fundamental de la teoría de la gravedad lo que hubo que revisar. El abandono de la gravitación universal de Newton en favor de la relatividad general de Einstein permitió explicar efectivamente el comportamiento aparentemente extraño de Mercurio. En este caso era la ley la que era defectuosa.

Es decir, anomalías comparables pueden resolverse mediante modificaciones radicalmente diferentes: el descubrimiento de un nuevo astro en un caso, un cambio drástico en las reglas en otro. A la manera de lo que Lucrecio llamó el *clinamen* –la inclinación–, se trata de jugar con una desviación inicialmente infinitesimal cuyos efectos pueden resultar inmensos y en todo caso son casi siempre imprevisibles.

No es imposible que la historia se repita. En 2017, unos cuerpos lejanos en el cinturón de Kuiper –una especie de «supercinturón de asteroides»– llamaron la atención de los astrónomos. Más de 600 objetos que no estaban exactamente allí donde deberían estar. La tentación es explicar este fenómeno por la presencia de un nuevo planeta, el planeta X, cuya masa estaría comprendida entre la de Marte y la de la Tierra y que estaría situado a unas cuarenta unidades astronómicas. Las perturbaciones observadas tendrían así un origen simple y convincente. ¿Cabe ya, en este momento, proclamar un «descubrimiento»? Todavía no. Quedan muchas dudas, y la verosimilitud de una hipótesis no es suficiente para establecer su verdad. Sin embargo, una observación «por defecto» puede ser tan convincente como una detección directa. En física, un descubrimiento ocurre cuando existe una explicación convincente sin que haya explicaciones alternativas creíbles. Casi nunca tenemos un acceso «claro e incontestable» al objeto considerado. La evidencia es un señuelo.

La ciencia no es inmediata: es mediata y mediada. Los descubrimientos se hacen generalmente «en hueco»: no tanto por el desvelamiento espectacular de la supuesta revelación como por una conclusión diferencial. La difusión de las partículas alfa enviadas por Rutherford contra una fina lámina de oro podía por ejemplo explicarse por la existencia de pequeños núcleos atómicos cargados, sin que ninguna otra buena alternativa pudiera explicarlo. El experimento estableció así el modelo del átomo sin que este fuese observado de manera evidente en el sentido habitual del término: la visión no goza de ningún primado en la ciencia y tampoco es más inmediata que los otros modos de acceso a lo real.

Argumentar a favor de un modelo es demostrar que funciona allí donde fallan sus competidores.

El hecho de no tener que ocultar sus dificultades es ciertamente una de las dignidades del pensamiento científico. No es ninguna vergüenza exhibir las anomalías. No son una ofensa para la física: al contrario, subrayan su magnífica capacidad de aceptar lo inaudito y lo «invisto». Las dificultades participan en la elaboración de un pensamiento estructuralmente inestable y orgulloso de saber que existe en una perpetua inconclusión.

Incomprensiones

Las anomalías no son –en todo caso no son únicamente– incomprensiones. Comprender es una noción bastante ambigua. Originariamente significa «asir, coger algo»: comporta por tanto –anclada en ella– la idea de un vínculo, de una puesta en relación, de una conexión. Muy a menudo, lo que se llama «comprensión» en realidad designa únicamente la traducción de un fenómeno a otro, o incluso de un lenguaje a otro. ¿Es legítimo, por ejemplo, decretar que la caída de los cuerpos queda *explicada* por la ley de Newton[2], que esta nos permite *comprender* los movimientos planetarios? En un sentido evidente, se trata probablemente de una afirmación razonable. Sin embargo, plantea al menos dos problemas. En primer lugar, una ecuación diferencial, más allá de su capacidad predictiva, ¿constituye una descripción más precisa

---

2. La respuesta dada por el propio Newton a esta pregunta es perfectamente clara: la única explicación real es Dios.

del en sí de lo real que una simple observación? ¿Constituye un acceso a la ontología profunda del mundo? No es nada seguro. Por otro lado, la existencia de ese «en sí» tampoco es evidente. No más que la posibilidad de una «observación» que sea independiente de cualquier marco y de cualquier expectativa. Después se plantea de inmediato una metapregunta en la búsqueda de la comprensión: ¿por qué es correcta esa ecuación y no otra matemáticamente igual de legítima? Así, incluso cuando hay una explicación, surge de inmediato la necesidad de una explicación de nivel superior, probablemente en una recursión sin fin. Por consiguiente, es sin duda exagerado considerar, en sentido literal, que la gravitación universal enunciada por Newton explica la caída de los cuerpos. Más bien la pone en resonancia con una construcción elegante y coherente que ilumina tanto como inventa. Que cuestiona tanto como afirma.

Un error corriente y peligroso consiste en suponer que los objetos descritos por la ciencia pertenecen, de derecho, a la ciencia. No es así. A veces se dice que la ciencia toca la Verdad más que cualquier otro campo cognitivo, porque la caída de los cuerpos no es manifiestamente una mera convención social. Cierto. Pero el hecho de que los objetos masivos caen no es, en sí, esencialmente científico. Los animales ignoran sin duda las leyes de Newton, pero no ignoran el riesgo de caer por un barranco. Es importante no confundir una proyección discursiva sobre un fenómeno con el fenómeno mismo... si es que este último puede pensarse independientemente de cualquier marco de aprehensión, lo que ni siquiera es seguro: como recordaba Michel Foucault siguiendo los pasos de Nietzsche, para conocer realmente las gramíneas no basta con ser biólogo, habría que ser también rumiante.

Sin embargo, es indiscutible que la ley de la gravitación universal expresa algo. Pone de relieve una regularidad. Participa en la elaboración de una construcción coherente y predictiva. Que no permita una explicación última, ni siquiera quizás parcial, no constituye una anomalía. Con este término hay que designar más bien una extrañeza que escapa a la ley como tal. No tanto que se hurta a una comprensión imaginada, sino que se aparta de la universalidad esperada.

Las fisuras

La física funciona notablemente bien. No abarca la totalidad de lo real: a fin de cuentas no responde a casi ninguna de las preguntas fundamentales que se nos pasan todos los días por la cabeza. Pero, en su propio campo de aplicación, su eficacia está ya más que demostrada. Una suerte de lógica «serial» de los eventos permite hacer emerger invariancias subsumidas por leyes.

Sin embargo, hay anomalías. Casi en todas partes: modulaciones que detonan. Nuestra propia existencia es una anomalía: las leyes conocidas de la física no deberían autorizar ese «exceso de materia» del que estamos constituidos. Partículas y antipartículas deberían haberse aniquilado en el universo primitivo. No deberíamos estar aquí, desafiando lo conocido con nuestra sola presencia.

La rotación de las galaxias no puede explicarse con las estrellas que se encuentran en su interior. Estas constituyen la casi totalidad de la masa «visible», pero no pueden dar cuenta –ni de lejos– del movimiento de los cuerpos celestes en la periferia de las islas del universo que las contienen. La mayor parte de la materia está oculta.

Gigantescas redes de detectores observan rayos cósmicos de una energía literalmente increíble. Estos rayos provienen de fuentes próximas pero no conocidas. En el bestiario del astrofísico se esconden verdaderos monstruos.

La expansión del universo no se está desacelerando, como predice una visión ingenua pero razonable de la gravitación. Al contrario, el cosmos crece cada vez más rápido y el «motor» de este extraño fenómeno se sale del marco de lo esperado.

El vacío no se comporta como debería. Los innumerables procesos cuánticos que lo pueblan eluden la gravedad, en clara contradicción con los fundamentos más profundos de la física.

Los agujeros negros desafían los preceptos básicos de la teoría de campos y de la termodinámica. Llevando las paradojas a su paroxismo, hacen vacilar la posibilidad misma de una coherencia global de la ciencia de la naturaleza.

Algunas partículas elementales tienen una masa que parece estar prohibida por las leyes aceptadas de la física de «altas energías». Desde este punto de vista, el propio bosón de Higgs no presenta en absoluto las características esperadas, y la diferencia es... gigantesca.

El concepto de Big Bang plantea inmensos problemas y puede ser una insensatez tanto por lo que se refiere a la aparición de singularidades como por el estado extraordinariamente improbable asociado a los instantes que le siguieron.

Más allá de los experimentos y las observaciones, nuestras teorías se contradicen entre sí. A menudo conducen a colapsos matemáticos que las hacen chocar con el marco que sin embargo las hace posibles.

Estas anomalías, con las que este pequeño ensayo pretende hacer camino, no son solo dificultades patentes. Son también los escollos sobre los que apoyarse. Son las latencias que hacen señas y que permiten la elaboración de nuevas teorías. La ciencia es una sucesión de revoluciones. Cada nuevo modelo reescribe una página del palimpsesto epistémico, cambiando drásticamente la gramática y la sintaxis. A veces incluso la grafía o los fonemas.

La historia de las ciencias es ciertamente acumulativa en una acepción simple y fáctica, pero resulta ser profundamente disruptiva en su dimensión interpretativa. Por supuesto que el número de «hechos conocidos» aumenta con el tiempo. Por supuesto que la capacidad predictiva de los modelos mejora con el tiempo. Sin embargo, dado que cada nueva descripción del mundo es, cabría decir, infinitamente diferente de la anterior, no tiene mucho sentido creer en un progreso fundamental. ¿Cómo podríamos acercarnos a una hipotética verdad absoluta cuando cada paso significativo constituye una reorganización total del lenguaje científico?

Además, los paradigmas –las organizaciones de modelos– responden a menudo a finalidades diferentes. No cabe duda de que la teoría de Newton es mejor que la de Ptolomeo a la hora de calcular la posición de los astros. Pero también es indudable que la Maat egipcia es preferible a la relatividad general de Einstein si de lo que se trata es de concebir una organización social a partir de la visión cosmogónica, que constituía un elemento esencial de cualquier elaboración astral para los sacerdotes del faraón.

Las anomalías son desencadenantes de insurrecciones intelectuales. Abren la puerta a nuevas tentativas –con sus *a priori* y reglas contingentes– y no tanto a progresos reales que desvelen el corazón de la naturaleza o de la materia. Con todo, siguen siendo vitales para la dinámica de un pensamiento que se sabe esencialmente frágil y precario. Y que acepta de grado esta vulnerabilidad.

2. Los modelos estándar

Para calibrar la importancia de las anomalías y darles sentido es esencial comprender los modelos que desafían. Los
marcos que cuestionan. Las teorías a las que ponen en dificultades. Cuatro son los pilares principales que constituyen
los soportes de la física fundamental y estructuran su lenguaje.

La física cuántica

A finales del siglo XIX disponíamos de dos «modelos estándar» extremadamente eficientes: la gravitación universal de
Newton y el electromagnetismo de Maxwell-Faraday. El primero describe de forma brillante el movimiento de los cuerpos celestes, mientras que el segundo explica con éxito la
propagación de la luz. Son teorías sencillas, claras, predictivas... La impresión de que la física estaba casi terminada

empezaba a apoderarse de la comunidad científica, que contemplaba, con una mezcla de satisfacción e inquieta nostalgia, la inminente llegada de una comprensión total y definitiva de los fenómenos observados.

Quedaba sin embargo un pequeño problema. Algo así como una ínfima anomalía. La descripción de la radiación emitida por un objeto calentado a alta temperatura (lo que se llama la radiación del cuerpo negro) no era del todo correcta. Un trozo de hierro, por ejemplo, libera mucha energía cuando está caliente. Dependiendo de su temperatura, puede tener un aspecto rojizo o azulado. La forma en que se distribuye la energía según el color se denomina «espectro». Y el espectro calculado no coincidía con el medido en la región del ultravioleta. Peor aún: la teoría resultaba ser inconsistente en sí misma, ya que predecía un comportamiento aberrante en las frecuencias muy altas. Sorprendentemente, fue del deseo de resolver este problema –en última instancia anecdótico en comparación con la imponente inmensidad del edificio científico– como nació la mecánica cuántica, que revolucionaría la física de los siglos XX y XXI. En 1900, Max Planck formuló la audaz hipótesis de que, en este contexto, la energía no podía ser emitida sino en pequeños paquetes discontinuos, abriendo así un inmenso proyecto de construcción y resolviendo la paradoja del cuerpo negro.

Lo que siguió fue el advenimiento de una visión del mundo totalmente renovada y en gran parte contraria a la intuición. Es cierto que los comportamientos revelados por la física cuántica no son intrínsecamente aberrantes, pero, al no corresponderse con ninguna de nuestras experiencias habituales, dibujan una realidad que parece, en más de un aspecto, perfectamente extraña. No un mundo imposible, sino un mundo desconocido. Completamente diferente. Más de un siglo después de su elaboración, aún no existe una visión unánime del significado profundo de los fundamentos de la mecánica cuántica. Existe consenso en torno a los fenómenos y sus consecuencias, pero su interpretación difiere de unas escuelas de pensamiento a otras. Dejando a un lado algunas excepciones notables, la física cuántica gobierna esencialmente los sistemas microscópicos, los objetos muy pequeños. No porque los objetos masivos de la vida cotidiana escapen a sus leyes, sino porque en este último caso la descripción clásica proporciona una aproximación casi perfecta de la mecánica cuántica y puede utilizarse sin restricciones.

En el corazón de la física cuántica se encuentra el principio de incertidumbre. Ciertas características esenciales de las partículas es imposible medirlas simultáneamente. El estado de un cuerpo viene descrito por dos magnitudes: su posición y su momento (o cantidad de movimiento). Este último está relacionado con la velocidad y por lo tanto proporciona información sobre el desplazamiento. Armados con estas dos variables, es posible saber dónde están las cosas y cómo se mueven. Su conocimiento conjunto es determinante. Al mostrar que es imposible medir ambas simultáneamente con una precisión infinita (es decir, que es necesario «elegir»), la ciencia cuántica establece una especie de límite al campo de lo accesible. La evidencia se desvanece. El saber se agrieta. Lo exhaustivo se agota.

Otra propiedad asombrosa tiene que ver con la aparente dualidad de la luz, que se comporta a la vez como una onda y como una partícula. Cuando pasa por dos rendijas abiertas, la luz interfiere consigo misma, como una onda. Pero cuando llega a la pantalla situada detrás, se manifiesta como una pequeña mota, como una partícula. Es perfectamente posible interpretar estos comportamientos sin recurrir necesariamente a extrañas dualidades ontológicas. Pero el hecho es que si tratamos de comprender la luz sin renunciar a las categorías que nos son familiares, aquella parece manifestarse según dos estados del ser considerados habitualmente como mutuamente excluyentes.

Toda la física clásica se basa en la idea del determinismo. Conociendo el estado inicial de un sistema y las leyes que gobiernan su comportamiento, en principio es posible conocer exactamente su estado final. La ciencia es predictiva y solo está limitada por la calidad de los instrumentos de medida y de cálculo. Es precisamente este dogma el que la mecánica cuántica viene a deconstruir. El objeto matemático que describe el sistema, la función de onda, sigue ciertamente una ecuación determinista, como en la física clásica. La evolución viene dictada, de manera perfectamente precisa y de la forma esperada, por el estado inicial. Todo parece ocurrir conforme al funcionamiento habitual. Pero hay una diferencia importante: en la física cuántica, el resultado al que conduce una medida solo puede predecirse de manera probabilística. Es imposible saber de antemano, con certeza, lo que se va a observar. Y lo más sorprendente es que esta aleatoriedad no se debe a nuestro conocimiento imperfecto del sistema, sino que parece ser inherente a la «naturaleza misma». El mundo se vuelve intrínsecamente estocástico. La visión simple, presidida por una especie de ineluctabilidad, pierde su sentido, para desvelarse lentamente –velándose– una realidad mucho más sutil e impredecible.

Por otro lado, los objetos cuánticos se pueden encontrar en una «superposición» de modos de ser. Están entonces simultáneamente en dos estados aparentemente diferentes. Este es el origen de la famosa paradoja del gato de Schrödinger. La mecánica cuántica parece indicar que un átomo inestable, mientras no se mida su estado, se encuentra «al mismo tiempo» íntegro y desintegrado. Es solo durante la observación cuando se selecciona realmente una única solución. De ahí el desconcertante experimento mental: mediante un dispositivo mecánico capaz de liberar un veneno hacemos que la vida de un gato encerrado en una caja dependa de la desintegración de un átomo. Mientras no se desintegre, el gato está vivo. Pero en el momento en que el átomo experimenta la reacción nuclear, se libera el veneno y el gato muere. Afortunadamente para el pobre animal, el experimento es puramente teórico y nunca se ha llevado a cabo. Pero subraya una paradoja interesante: el gato debería estar muerto-vivo, ya que el propio átomo del que depende su vida puede estar, al mismo tiempo, en los dos estados posibles. Sobre esta cuestión se ha derramado mucha tinta y existen soluciones tentativas, en particular a través de lo que se denomina «decoherencia», que nos permite comprender mejor cómo un comportamiento efectivamente clásico emerge a partir de un promedio de efectos cuánticos. Pero esa solución tampoco resuelve todas las dificultades, y una parte del misterio persiste.

Algo aún más sorprendente es que es posible colocar determinados objetos cuánticos en un estado de entrelazamiento. Esto significa que existen fuertes correlaciones entre diferentes partes del sistema. En tales circunstancias, medir el estado de una partícula puede influir instantáneamente en el estado de otra, situada a una distancia arbitrariamente grande. Este efecto, que parece implicar una propagación instantánea de información a través del espacio, no permite sin embargo comunicar mensajes ni enviar señales. Finalmente, lo que aquí está en juego es quizás el advenimiento de una visión «no local» de la física (lo que no deja de tener consecuencias para la informática y criptografía cuánticas).

A pesar de todas estas extrañezas, y de muchas otras, la mecánica cuántica se ha convertido, con sus magnitudes curiosamente discontinuas, en el marco conceptual de las ciencias naturales desde hace más de cien años. Ha sido verificada en incontables ocasiones y vertebra literalmente toda la física contemporánea. Por difícil que sea de interpretar, se puede decir que es «impecable». No solo constituye el arquetipo de una teoría fructífera y revolucionaria, sino que también sirve de ingrediente básico para otros «modelos estándar» más específicos, como el de las partículas elementales. En esencia, este último no es más que la aplicación de la física cuántica a un tipo particular de objetos: las partículas subatómicas. Su notable precisión permite un impresionante acceso al mundo microscópico.

A nivel filosófico, y más concretamente epistemológico, la física cuántica plantea cuestiones muy profundas acerca de la existencia misma de una realidad que pueda ser conocida o concebida independientemente de la medida, o más bien de la interacción. Invita a dibujar una realidad relacional o, dicho con más precisión, a limitar el poder de las ciencias naturales a la descripción de las relaciones, en lugar de la «mismidad» de las cosas. Desustancialización. El físico Carlo Rovelli propuso recientemente una interpretación exhaustiva en este sentido: la mecánica cuántica describiría completamente los sistemas físicos los unos *en relación* con los otros. Esta idea de situar no tanto el objeto como la interacción en el centro de la ontología no deja de tener su eco en cierta metafísica contemporánea[1]. Notablemente coherente, esta propuesta radicalmente innovadora abre pistas extraordinarias: de hecho, las variables físicas solo existirían en el momento de la interacción. El estado cuántico de un sistema solo tendría sentido con respecto a otro objeto. La flor sería roja para la avispa y azul para la abeja. El gato de Schrödinger estaría muerto para unos y vivo para otros[2]. Esta visión científica profundamente relacional se articula notablemente bien con el relacionismo filosófico de nivel superior propuesto en otro lugar[3] en línea con las visiones de Jacques Derrida y Jean-Luc Nancy. ¿Estaremos descubriendo por fin el encantamiento de una humildad obligada a renunciar a las veleidades totalizadoras del saber?

La física estadística

Pobre Boltzmann. La vida del padre de la física estadística, marcada por un suicidio y plagada de depresiones –a veces provocadas por la feroz oposición o el descarado desprecio mostrado por sus colegas– es una historia dolorosa. Sin embargo, fue él quien sentó las bases de un enfoque que transfiguraría profundamente la ciencia y su alcance.

---

1. Véase, por ejemplo, A. Barrau, *Chaos Multiple*s, París, Galilée, 2017.
2. La razón por la que estas extrañezas no se observan en la vida cotidiana es que los efectos específicamente cuánticos, llamados de interferencia, son ínfimos para la mayoría de los objetos macroscópicos.
3. A. Barrau, *De la vérité dans les sciences*, París, Dunod, 2016.

En efecto, a menudo es posible predecir muchas de las propiedades de un sistema físico sin comprender para nada su estructura íntima. Por ejemplo, el aire de una habitación viene básicamente descrito por su temperatura, su presión y su volumen. No hace falta conocer en detalle las características de las numerosísimas moléculas que lo constituyen. Aquí es donde radica el milagro: el comportamiento general puede entenderse muy bien sin recurrir demasiado a las propiedades microscópicas.

La mecánica estadística es la teoría de los sistemas que poseen un gran número de «grados de libertad». Es uno de los pilares de la física moderna y proporciona una base sólida para la ciencia del calor, la termodinámica. De todos nuestros modelos, es sin duda el más fiable. Hace posible, cabría decir, el estudio de la emergencia, es decir, de la forma en que los fenómenos colectivos en los que intervienen muchas partículas elementales dan lugar a los procesos observados a gran escala. Su fundamento no necesita un gran número de hipótesis audaces: se contenta, por así decir, con tener en cuenta los efectos matemáticos inherentes a los grandes números implicados. La belleza del gesto radica precisamente en que no es necesario conocer los detalles para comprender y predecir los comportamientos globales. No hace falta conocer ni la composición de las moléculas de aire ni la naturaleza específica de sus interacciones para predecir cómo están relacionadas la presión, el volumen y la temperatura dentro de un recinto.

Consideremos un ejemplo cardinal: el segundo principio de la termodinámica. Su papel es esencial y constituye uno de los resultados más importantes de toda la física. Estipula que cierta función matemática, llamada entropía, no puede (salvo casos específicos) sino aumentar con el tiempo. Desde el punto de vista físico, esta misteriosa entropía es una estimación del desorden. Pero el concepto es muy sutil y la mecánica estadística permite comprender su significado profundo. Dicho con más precisión, la entropía cuenta el número de microestados correspondientes al mismo macroestado. Seamos concretos y explícitos: si usted es profesor y solo le importa el número de alumnos de la clase, la manera en que se sienten le será indiferente. Solo verá el macroestado «hay veinte estudiantes delante de mí». Ahora bien, veinte personas pueden ocupar veinte asientos de más de un trillón de formas diferentes. Estas definen otros tantos microestados. La entropía del sistema es por lo tanto considerable, ya que muchas configuraciones microscópicas diferentes (el reparto de los alumnos entre los asientos) conducen a una situación equivalente desde el punto de vista pedagógico, es decir, macroscópico. Un gran número de situaciones diferentes, en el detalle, corresponden a la misma configuración general. Esto es lo que mide la entropía.

Estos pocos comentarios muy elementales sobre la entropía permiten ya presentir un elemento interesante: aquella no es solo una imagen del desorden, sino que está también relacionada con la «información faltante». Proporciona información sobre la cantidad de conocimiento perdido por el hecho de no mirar demasiado de cerca el objeto físico considerado. Si el sistema estuviera perfectamente ordenado, si los alumnos estuvieran por ejemplo sentados por orden creciente de edad, conocer la posición de uno de ellos proporcionaría una buena estimación de su fecha de nacimiento. En cambio, si el sistema está desordenado, si los alumnos están sentados al azar, la visión global conduce a una pérdida considerable de conocimiento. Por tanto, es fácil comprender que el desorden del sistema está asociado con la pérdida de información sobre él: cuanto mayor es el caos, mayor es la entropía y mayor es el número de conocimientos omitidos en una visión aproximada.

Así pues, esta misteriosa entropía codifica a la vez el grado de desorden, la información faltante y la cantidad de pequeñas configuraciones elementales que conducen al mismo estado global. Su papel es central.

Aún más interesante es la posibilidad de aprehender con este instrumento el sentido de la evolución espontánea de los sistemas. El segundo principio de la termodinámica, elevado a veces al rango de postulado místico, adquiere aquí un rostro a la vez fascinante y elemental. Al estipular que la entropía no puede sino aumentar, en realidad afirma que el desorden no deja nunca de crecer. Esta es quizás la propiedad más importante y fundamental de los conjuntos materiales. Pero ¿por qué es así? ¿Existe una misteriosa fuerza cósmica que prefiere el desorden al orden? ¿El combate teogónico primordial habría permitido al *caos* prevalecer definitivamente sobre el *cosmos*? Aunque esta última explicación no carece de elegancia ni de intensidad, la física estadística ofrece otra interpretación: simplemente es así porque un estado desordenado es mucho más probable que un estado ordenado. Solo hay una forma de que los estudiantes se sienten por orden ascendente de edad, mientras que hay innumerables formas de sentarse de manera desordenada. Si, por tanto, se permite que la colocación de los estudiantes evolucione espontáneamente a partir de un estado inicial ordenado o parcialmente ordenado, dejándolos hacer como les plazca, la evolución natural será necesariamente hacia el desorden. Por la muy elemental razón de que hay muchísimas más configuraciones desordenadas.

De manera análoga, la leche se difunde en el café y la gota vertida inicialmente en la taza nunca recupera su forma inicial. Sin embargo, ninguna ley prohíbe que las moléculas de leche regresen a su posición original y reconstituyan la gota. La energía seguiría conservándose en semejante proceso. Si aquello no sucede, es solo porque la situación en la que la leche forma una pequeña perla bien definida corresponde a un estado microscópico casi único (ordenado), mientras que las situaciones en las que la leche está difusa (desordenada) son numerosísimas. La irreversibilidad de la difusión puede entenderse por tanto como una simple cuestión de probabilidad: hay casi infinitamente más formas de estar en desorden que en orden...

Detrás de su aparente simplicidad, este concepto de entropía plantea también cuestiones muy complejas. Por ejemplo, los estudiantes pueden estar desordenados desde el punto de vista de su edad pero ordenados desde el punto de vista de sus afinidades culturales o políticas. La entropía está por lo tanto relacionada con una determinada forma de ver las cosas. La entropía de la gota que se difunde en la leche aumenta desde nuestro punto de vista, pero podría disminuir (es decir, el nivel de desorden podría decrecer) para un extraterrestre que tuviese otras expectativas y otros criterios de ordenación. Como ocurre muy a menudo en la ciencia, aquí se trata de mucho más que de una pura convención humana, pero de mucho menos que de la revelación de la naturaleza profunda e intrínseca de lo real en sí mismo. Digamos que se trata de una «objetividad relativa». Cuando se fija la clase de las interacciones, la entropía queda definida de manera inequívoca. Pero otros intercambios entre los sistemas podrían conducir a otro valor de la entropía. La entropía es contextualmente significativa, como sin duda lo son todos los conceptos de la ciencia, tal vez incluso cualquier forma de proposición u observación. Lo cual no disminuiría para nada su pertinencia, sino todo lo contrario. La experiencia cognitiva o perceptiva está siempre en función de una cierta *relación* con el mundo y nunca del mundo *en tanto que tal,* que, por lo demás, sin duda ni siquiera exista.

Es importante señalar que el aumento de la entropía en función del tiempo también se puede utilizar como una posible definición de este último. En último término, lo que diferencia profundamente el tiempo del espacio es que no es posible retroceder en el tiempo, mientras que naturalmente es posible caminar en dos direcciones opuestas. El hecho de que la entropía no pueda sino aumentar es precisamente la firma de una irreversibilidad fundamental que recuerda a la flecha del tiempo y que podría ser su verdadero origen. Esta cuestión sigue siendo objeto de intensos debates, pero no está excluido que el tiempo, en el sentido en el que lo conocemos, emerja con la complejidad. No estaría definido sino desde el punto de vista de los sistemas que contienen suficientes partículas como para poder definir una entropía. Y el inexorable aumento de esta implicaría de hecho la evolución unidireccional de la que dependemos de manera tan aguda.

Vivir es recordar. En griego antiguo, la verdad (*alètheia*) es consustancial con la memoria. Pero para que haya anamnesis o reminiscencia tiene que haber una entropía creciente; sin ella, el pasado no se distinguiría del futuro. Lo que también significa una muerte latente, porque, en su paroxismo, el desorden necesariamente mata.

Más que una herramienta notable para comprender las transferencias de calor y la producción de trabajo, el segundo principio de la termodinámica es el descubrimiento de la asimetría entre el pasado y el futuro. Es la única ley física que distingue el ayer del mañana. Toda nuestra historia se basa en variaciones sobre un tema central: la entropía aumenta sin cesar y sin concesiones.

La relatividad general

En cierta medida, es legítimo decir que la física cuántica constituye la teoría fundamental del contenido, mientras que la relatividad general sería la teoría fundamental del continente. Einstein transformó nuestra representación del espacio y el tiempo. El mero hecho de que haya algo que decir sobre el espacio y el tiempo, de que sean objetos de estudio científico, es en sí mismo revolucionario. De acuerdo con la física de Newton y la filosofía de Kant, el espacio y el tiempo constituyen simplemente un marco rígido e inmutable sobre el cual todo discurso sería vano.

En cierto sentido, la relatividad muestra que el espaciotiempo es el campo gravitatorio. Es posible olvidar la usual fuerza de la gravedad y pensar en su lugar en un espaciotiempo sinuoso y curvo (esta es la habitual visión relativista), pero tiene igual de sentido prescindir del espaciotiempo y convencerse de que somos de hecho habitantes del campo gravitatorio. Matemáticamente, las dos descripciones son equivalentes. Pero una teoría física no es solo un conjunto de ecuaciones: las fórmulas *siempre* van asociadas con interpretaciones. Es imposible prescindir de las palabras, aunque solo sea para especificar los objetos a los que se aplican los modelos.

Si adoptamos, de momento, la visión más habitual, la relatividad general lleva a omitir la «fuerza gravitatoria» de Newton y a considerar que el movimiento de los cuerpos es inducido por una curvatura del espacio. La estación espacial no gira alrededor de la Tierra porque una fuerza la obligue a hacerlo: avanza en una línea lo más recta posible en el espacio curvado por la presencia de la Tierra. Esta visión no es solo una simple redefinición de un fenómeno conocido. Es el marco en el que podemos por ejemplo entender la expansión del universo o la física de los agujeros negros. La primera debe concebirse como el movimiento propio de un espacio que se ha convertido, en la visión einsteiniana, en una entidad dinámica. No son las galaxias las que se mueven, es el espacio el que se hincha. La segunda puede concebirse como la formación de una pequeña isla de geometría que se desacopla del resto del universo y que exacerba las paradojas de la física conocida.

La relatividad convierte el espacio y el tiempo en objetos maleables. Si un observador se mueve muy deprisa, su tiempo transcurre «más lento» que el de sus amigos que han permanecido inmóviles con relación a él. Cuando se reencuentran al final del periplo, realmente –en el sentido más literal que este término pueda tener en un contexto científico– el observador ha envejecido menos que sus compañeros. El mismo fenómeno se produce si permanece, incluso sin moverse, en las proximidades de un cuerpo masivo. La absolutez del tiempo se derrumba y la rigidez del espacio se desvanece.

La relatividad especial demostró que es posible transformar una propiedad en existencia. Ese es el sentido de la famosa $E=mc^2$: la energía «E» se puede transmutar en masa «m». Se crean partículas por el movimiento de otras partículas; eso es precisamente lo que ocurre en un colisionador como el LHC del CERN. Finalmente, la relatividad general va aún más lejos al abolir la frontera aparentemente inmutable entre los fenómenos, por un lado, y el marco en el que se desarrollan, por otro. El espaciotiempo deja de ser una simple arena, se convierte en sí mismo, como la luz o la materia, en un objeto físico en evolución y con el cual interactuamos.

La teoría del caos

Los sistemas caóticos son numerosos. Y extraños. Literalmente hablando, siguen siendo deterministas. No hay aquí nada fundamentalmente aleatorio. El flujo de aire en la atmósfera, la presión y la temperatura son magnitudes cuya dinámica puede considerarse perfectamente determinista. Sin embargo, muy a menudo, predecir la evolución meteorológica más allá de unos pocos días es imposible, incluso para nuestros superordenadores. Las situaciones físicas que implican este tipo de comportamiento se dice que son caóticas. *A priori* es posible calcular el futuro a partir del presente. Pero esta posibilidad teórica resulta aquí prácticamente inviable.

La tentación es suponer que bastaría con medios de cálculo un poco más sofisticados para que lo que hoy es inalcanzable fuese accesible en un futuro razonable. No es así. Cuando el comportamiento de un sistema es caótico, la separación entre trayectorias inicialmente muy cercanas se vuelve exponencialmente grande. Multiplicando por 10, 100 o 1000 la potencia de cálculo, seguiríamos siendo incapaces de predecir el comportamiento a largo plazo.

El tiempo característico a partir del cual la predicción de la evolución se vuelve técnicamente imposible se denomina tiempo de Lyapunov. Para un sistema planetario, es de varios millones de años. Para la meteorología, del orden de algunos días. Para un centímetro cúbico de argón a temperatura ambiente, de mucho menos que una milmillonésima de segundo. Más allá de este tiempo, una diferencia ínfima en las condiciones iniciales puede dar lugar a situaciones tan drásticamente diferentes que ya no es posible anticipar el comportamiento de manera efectiva. El matemático estadounidense Edward Lorenz da una bella definición de caos: es cuando el presente determina el futuro pero el presente «aproximado» ya no describe el futuro «aproximado». Ahora bien, la ciencia es *siempre* una cuestión de aproximación. El estado actual de un sistema nunca se conoce con precisión infinita. No se trata solo de un límite práctico, sino también de la base del método y del objetivo: la cuestión no es la exhaustividad, se trata de elegir y seleccionar, de operar lo que el filósofo Gilles Deleuze llamó un «corte» en lo real.

Lo notable aquí es que no sea cierto que no haya «nada que comprender» acerca de los sistemas caóticos. Su aparente desorden, en escalas grandes de tiempo, no los convierte en carentes de interés. En primer lugar, a nivel matemático, la aparición del caos –lo que en física teórica se denomina ruptura espontánea de la supersimetría topológica– es un tema de estudio fascinante. Además, hay múltiples comportamientos característicos pertinentes en lo que se refiere a los atractores, los lugares siempre evitados por las trayectorias, la propagación de los errores... Las aplicaciones son numerosas en biología, en criptografía y en robótica. La teoría del caos esboza una forma muy rica de sutileza que hasta ahora había sido ignorada o desdeñada[4].

4. Es tentador conjeturar que la historia humana es precisamente una cuestión de comportamiento caótico que demuestra nuestra muy débil capacidad de predecir el futuro a partir del estudio del pasado. Una ínfima diferencia entre dos estados iniciales puede conducir a estados posteriores arbitrariamente distantes. Si los compañeros de Antonio no hubieran malinterpretado, casi por casualidad, la retirada de Cleopatra en el golfo de Ambracia, el mundo sin duda habría sido radicalmente diferente. Roma se habría hibridado con Egipto, y sin duda habría surgido un «Orienccidente» infinitamente más habitable.

3. Materia oscura

La existencia de una gran cantidad de materia de naturaleza desconocida en nuestro entorno cósmico es una vieja anomalía. Lejos de estar en vías de resolución, sigue siendo un enigma central para la astrofísica y la física de partículas. Cada año aparecen nuevos indicios que contribuyen a hacer la situación más inextricable.

Una larga historia

Paradójicamente quizás, la historia del universo se conoce extremadamente bien. Desde cierto punto de vista, se conoce con mayor precisión que la de casi cualquier otro de sus constituyentes. No es exagerado decir que conocemos mejor el Gran Relato cósmico que el de los planetas del sistema solar. La razón de esta aparente extrañeza es bastante elemental: nuestro universo es sencillo. Cuando se consideran porciones de espacio suficientemente grandes –y de eso se trata en la cosmología física–, el mundo parece idéntico en todos los lugares y en todas las direcciones.

Estas simetrías tan potentes permiten describir fácilmente el universo y su evolución. La relatividad general y la física de partículas son los dos ingredientes principales que nos permiten retroceder en el tiempo y comprender nuestra historia en sentido lato. La teoría de Einstein predice el comportamiento del espacio siempre y cuando se conozca su contenido. Y el conocimiento del contenido lo ofrece precisamente la física de los constituyentes elementales. Desde este punto de vista, la evolución del universo está en esencia bajo control entre una trillonésima de segundo después del Big Bang y el momento actual. Creemos ser capaces de reconstruir la quintaesencia de lo sucedido.

Sin embargo, aparece un primer problema. Si bien los núcleos pesados que componen nuestro cuerpo se fabrican en las estrellas, verdaderas calderas de la complejidad, las altas temperaturas que reinaban en el cosmos primigenio permitieron también la formación de algunos núcleos ligeros. Las abundancias observadas coinciden bien con lo esperado, con la notable excepción del litio. Por alguna razón desconocida, los cálculos asociados con el modelo del Big Bang predicen una abundancia de litio-7 que no concuerda en absoluto con la cantidad revelada por estudios independientes, en particular los que utilizan los halos de ciertas estrellas que se prestan bien para estas mediciones. La solución puede ser de naturaleza astrofísica, de naturaleza nuclear o estar relacionada con una «nueva física». Lo cierto es que viene hurtándose desde hace décadas.

En ese elegante relato hay otra anomalía aún más esencial. El astrofísico suizo Fritz Zwicky parece ser el primero en haberla sacado a la luz. Zwicky era conocido tanto por sus fulguraciones científicas como por sus tendencias a la villanía más gratuita e hiriente. Según una anécdota incomprobable pero picante, Zwicky se permitió calificar a sus colegas de «cretinos esféricos». El significado de «cretino» es bastante claro, el de «esférico», en este contexto, lo es evidentemente menos. Y Zwicky precisó: «Es porque son igual de estúpidos se miren desde el ángulo que se miren».

Pero Zwicky no fue solo una mala persona que vilipendiaba a sus estudiantes y colegas, sino también un científico genial. Y fue él, al parecer, quien formuló, ya en 1933, la hipótesis de que una parte importante de la masa del cúmulo de Coma –observado con el telescopio de Monte Wilson– era en realidad invisible. El insólito astrónomo no fue tomado en serio y durante décadas su asombrosa idea cayó en el olvido. No fue hasta la década de 1960 cuando la astrónoma estadounidense Vera Rubin redescubrió este fenómeno.

Vera Rubin estudiaba la rotación de la galaxia de Andrómeda, nuestra vecina cercana, cuando descubrió que las estrellas en los bordes de la galaxia se movían mucho más rápido que lo que preveía la teoría de la gravitación universal de Newton. En este contexto, el recurso a la relatividad general no altera para nada la conclusión. Pero esta extraña observación se explica fácilmente si se supone que la masa real de la galaxia es mucho mayor que la de las estrellas visibles, que es la que se utiliza para estimar las velocidades esperadas. Naturalmente, cuando se habla de las estrellas «visibles», se integran y corrigen todos los efectos de absorción o enmascaramiento inducidos por los objetos en primer plano. El concepto de materia oscura irrumpió así en el pensamiento astrofísico, y desde entonces no ha dejado de rondar en las investigaciones cosmológicas.

El enigma de la materia oscura es por tanto muy antiguo. Tiene la notable particularidad de no apagarse con el tiempo y resiste todas las tentativas de resolución global. El misterio permanece intacto a pesar del creciente esfuerzo que se le dedica.

Acumulación de indicios

Para que una idea tan extravagante como la existencia de una cantidad colosal de materia oscura –que representa una masa aproximadamente 50 veces mayor que la de todas las estrellas juntas– se impusiera en la comunidad, es claro que hicieron falta otros argumentos además de los de la velocidad anormal de los cuerpos celestes en el borde de las galaxias. Los científicos son, casi por naturaleza, dubitativos. Dudan de las evidencias, pero también de las extrañezas. Para convencerlos de que una anomalía es real, se necesitan a menudo varios argumentos independientes. Que deben todos ellos converger hacia la misma visión.

Este es precisamente el caso de la materia oscura. Hay un gran número de indicios que hablan a favor de su existencia. Se han ido acumulando con el tiempo, a veces de manera espectacular, a veces subrepticiamente, contribuyendo a hacer de este problema uno de los más espinosos e interesantes de toda la física.

En la historia del universo, tal como la entendemos, la temperatura justo después del Big Bang era extraordinariamente alta. A medida que el cosmos se expandió, disminuyó la temperatura, como sucede en los refrigeradores, que se enfrían por el efecto de «expansión» inducido por un pistón. Llegó así inevitablemente un momento, unos cientos de miles de años después del instante inicial, en que la temperatura era lo suficientemente baja como para que la luz ya no pudiera interactuar con la materia. A partir de esa época, la radiación llamada «fósil» se propaga libremente y puede todavía medirse. Esa radiación ofrece una especie de fotografía de cómo era el universo en su primera juventud. Y resulta que la fotografía contiene gran número de informaciones. En ella se puede «leer» lo esencial de las características fundamentales de nuestro universo. Y entre estas últimas está ¡la presencia de materia oscura! La cartografía de la radiación fósil no puede explicarse satisfactoriamente sin tener en cuenta esta componente oscura. Las fluctuaciones no tendrían las características medidas si solo hubiera materia visible en el espacio.

Pero hay otros muchos indicios. La dispersión de velocidades, especialmente en las galaxias que tienen forma espiral, requiere la existencia de materia no luminosa. Lo mismo que los denominados cúmulos «globulares»: su masa se puede estimar de varias formas diferentes, lo que permite poner de manifiesto la presencia de materia oscura. Conclusión idéntica para las observaciones espectroscópicas utilizando lo que se llama el «bosque Lyman-alfa» así como las distorsiones espectrales.

Sin entrar en detalles, vale la pena mencionar dos ejemplos más. El primero es particularmente convincente por su sencillez. Gracias a la radiación fósil, «vemos» cómo eran las fluctuaciones de densidad en el universo primigenio, es decir, los pequeños grumos iniciales que luego darían lugar a las grandes estructuras cósmicas. Pero resulta que esas grandes estructuras se ven también hoy día. Las leyes de evolución que permiten calcular lo que debe formarse teniendo en cuenta el estado inicial observado son elementales: son ecuaciones lineales. La física implicada no es ni compleja ni exótica. El cálculo, que por lo tanto puede calificarse de sencillo, muestra que para que la evolución observada sea coherente es necesaria también aquí una gran cantidad de materia al margen de las estrellas y de todo lo que es visible.

El segundo ejemplo es muy elegante. Las galaxias son inmensas comparadas con el tamaño del sistema solar: cientos de miles de millones de estrellas. Pero son diminutas a escala del universo. Para un cosmólogo son algo así como moléculas. El cosmos es un gas de galaxias, y estas juegan el papel de «partículas elementales». Pero partículas luminosas y por lo tanto claramente visibles. Constituyen trazadoras de la evolución, ya que observándolas se accede a la dinámica de la expansión del universo. Como luciérnagas que, dejándose llevar por el aire, revelarían las características de los movimientos atmosféricos. Pero las galaxias no están distribuidas exactamente al azar. En su distribución se vislumbran las trazas de las ondas que recorrieron el joven universo. Debido a ellas, cada vez que se considera una galaxia, la probabilidad de encontrar otra galaxia a una determinada distancia, bien calculada, es ligeramente mayor. Este fenómeno, llamado oscilación acústica, es observable actualmente. Literalmente vemos ondas sonoras que se propagan por el universo, pero el papel que normalmente se atribuye a las moléculas de aire lo desempeñan aquí las propias galaxias. Pues bien, una vez más las observaciones únicamente coinciden con lo esperado si se introduce una gran cantidad de... materia oscura.

Una nueva forma de materia

La materia oscura es aún más extraña de lo que parece a primera vista. Casi todo lo que nos rodea está formado por protones y neutrones. Unos y otros son lo que se llama bariones. Casi todo lo que tiene masa es bariónico, desde los cuerpos de las mariposas hasta la cola de los cometas. Parte de la materia invisible también está formada por bariones. Probablemente se trate, en lo esencial, de gas repartido entre los cúmulos. Si no fue fácil descubrir este gas oscuro, fue por razones técnicas, pero su naturaleza no es especialmente misteriosa. Simplemente resulta difícil de identificar porque no brilla como las estrellas.

Lo que es mucho más sorprendente es que la mayor parte de la materia oscura resulta ser de naturaleza *no bariónica*. En otras palabras: no está compuesta de protones y neutrones. ¡Eso sí que es extraordinario! Al parecer está formada por nuevas partículas cuya naturaleza profunda aún no se conoce. El enigma es aún más asombroso porque concierne tanto al microcosmos como al macrocosmos. La materia oscura solo puede estar constituida por nuevas entidades fundamentales, no descubiertas hasta la fecha.

Desde hace décadas, la investigación teórica avanza a buen ritmo en torno a esta cuestión. La hipótesis más prometedora se llamaba «supersimetría». Es un modelo particularmente elegante que pretendía ampliar el modelo estándar de altas energías, es decir, de lo infinitamente pequeño. Las virtudes de la supersimetría son numerosas y su capacidad de resolver espinosos problemas formales es innegable. Pero su mayor interés está en otra parte: y es que, naturalmente, propone un candidato para la materia oscura. La partícula supersimétrica más ligera tiene en efecto todas las características requeridas: es masiva (lo suficiente para constituir la materia oscura), interactúa débilmente (lo que explica por qué escapa a la observación) y es estable (cosa necesaria para que siga todavía entre nosotros pese a que se formó en los primeros tiempos del universo).

La supersimetría era por tanto la teoría casi perfecta. Resolvía problemas importantes de la física de partículas y predecía corpúsculos casi ideales para la materia oscura. Tampoco carecía de cierta gracia matemática. Tenía todo. Sin embargo, el gran colisionador del CERN, el LHC, demostró recientemente que esta teoría, por muy atractiva que sea... ¡no funciona! Al menos en su forma más simple. Hay que buscar en otro lado. El misterio persiste.

Más allá del enigma de la materia oscura, que por tanto sigue en pie, la epopeya de la supersimetría es rica en enseñanzas. Primero, nos recuerda que lo real no es necesariamente lo que nos gustaría que fuera. Los criterios estéticos o epistémicos, por muy finos que sean, nunca son suficientes para prejuzgar la admisibilidad de una teoría. Por supuesto, en muchos casos existe un cierto margen para retocar un modelo con el fin de que concuerde mejor con la realidad empírica, sin que ello constituya un auténtico travestismo. Dicho de otro modo: una teoría, aun cuando parezca informalmente falsada, es posible salvarla modificándola. Pero existe siempre un límite, difuso, más allá del cual una idea ya no puede ser defendida sin perder su sustancia.

Esto es lo que está a punto de ocurrir con la supersimetría. Salvo un chispazo imprevisto, su agonía parece inevitable en el contexto de la física de partículas.

Además, esta aventura también muestra que a veces quizá nos falte coraje intelectual. La locura despertada por la supersimetría ¿estaba hasta ese punto justificada? Que este hermoso modelo sedujera es completamente comprensible. Pero al explorar casi una única pista para extender el modelo estándar de altas energías, probablemente se pasara por alto la bifurcación fructuosa. El seguidismo también existe –a veces por buenas razones– entre los investigadores, y siempre es difícil proponer con éxito alternativas a los pensamientos dominantes. Una propuesta de construcción teórica original, sobre la base de ideas innovadoras, goza estructuralmente de menos favor que el reciclado, con infinitas variantes, de esquemas ya sobrerrepresentados.

¿Se trata realmente de materia?

La existencia de la materia oscura se deduce esencialmente de sus efectos gravitatorios: teniendo en cuenta las leyes de la gravedad, las observaciones permiten calcular la masa que se halla presente, y resulta que esta es mucho mayor que la de los objetos visibles. En diferentes variantes, esa es en esencia la metodología general. Pero inmediatamente surge una pregunta evidente: ¿y si no estuviésemos comprendiendo bien la gravitación? ¿Y si las leyes que utilizamos para calcular (por ejemplo) la masa total de una galaxia fueran incorrectas? Entonces podría ser que en realidad no hubiese materia oscura y que simplemente nos estuviésemos equivocando al concluir su existencia a partir de los comportamientos gravitatorios.

Como es lógico, esta posibilidad ya ha sido estudiada. Existe una vasta zoología de modelos que intentan modificar las leyes usuales de la gravitación. Lo que se hace generalmente es truncar *ad hoc* las ecuaciones para que se ajusten a los datos experimentales sin tener que agregar materia oscura. El procedimiento, por desgraciado que parezca, no es absurdo. A veces ocurre que un gesto aparentemente arbitrario pone la investigación sobre una pista significativa y que solo más tarde se encuentran las razones más profundas que conducen a adoptar las leyes modificadas. El tanteo puede ser un método fructífero (o un antimétodo, según la visión anárquica de la práctica científica sugerida por Feyerabend).

Una medida experimental vino después a disipar en parte esta duda. En efecto, hace unos años se observó la colisión de dos cúmulos. En un evento de este género se espera que la materia visible y la materia oscura no se comporten de manera idéntica: el choque es más violento para algunas partículas que para otras. De ahí que, de alguna manera, sea posible «separar» la materia habitual de la hipotética materia oscura. Con ayuda de sutiles efectos de lentes gravitacionales, utilizando la masa como una especie de lupa para desviar la luz, se logró demostrar la presencia efectiva de materia «en otros lugares» diferentes de aquellos en los que esta era visible. Es casi impensable explicar este resultado con una teoría de la gravitación exótica, porque habría que modificar no solo el valor de la atracción sino también su ubicación. Una gravedad retocada puede aumentar o disminuir la fuerza entre los cuerpos, pero no cambiar sus posiciones...

Por tanto, es la materia oscura la que gana la batalla. Aunque eso sigue sin explicarnos lo que es realmente.

En realidad, la distinción entre materia oscura y gravedad modificada plantea una pregunta filosófica bastante sutil: ¿son realmente diferentes estas dos hipótesis? Después de todo, las partículas son solo excitaciones de campos y la gravedad es ella misma un campo. Quizá la disyunción habitualmente establecida sea artificial y tenga más que ver con una proyección que con una diferencia ontológica. En el caso de que las «partículas» de materia oscura se acoplen gravitatoriamente con las del modelo estándar, es posible demostrar de manera matemáticamente precisa que las dos hipótesis son perfectamente equivalentes. Invocar entonces una modificación de las leyes o nuevas partículas es fundamentalmente una elección estética en la forma de referirse a una misma teoría subyacente.

Pero sin duda seguiría siendo demasiado simple detenerse ahí. Que dos propuestas sobre el mundo sean equivalentes desde el punto de vista matemático no les confiere necesariamente el mismo significado. Una vez más es indispensable tener en cuenta que una teoría física digna de ese nombre siempre es interpretada. No se trata solo de poder predecir, sino también de intentar comprender y describir. Es decir, de relacionar unos fenómenos con otros, de transcribir las extrañezas a un nuevo lenguaje, dotándoles así de una especie de inmediatez cognitiva. La física no consiste solo en poner una parte del mundo en ecuaciones. Consiste sobre todo en inventar un rizoma de significaciones cuyos contornos y vínculos permanecen permeables. Es vecinal en sus trazados y a menudo errática en sus significados.

Un debate eternamente relanzado

Hay varias formas de conferir credibilidad a un modelo. Lo más aparentemente eficaz es encontrar indicios que lo corroboren. Eso es por ejemplo lo que ocurre cuando se confirma alguna de sus predicciones no evidentes. Pero hay otra forma de apoyar una proposición: consiste en eliminar las alternativas. Aunque aparentemente menos elegante, esta posibilidad es muy efectiva. Por ejemplo, una de las indicaciones históricas más convincentes a favor de un universo en expansión es precisamente que la hipótesis rival más simple (un espacio infinito, homogéneo y estático) es muy fácil de rebatir por errónea, porque conduciría a un cielo nocturno extraordinariamente brillante, lo que claramente no es el caso[1]. A veces, eliminar las otras propuestas es un argumento poderoso en apoyo de la que subsiste, especialmente en el contexto científico, donde el objetivo es no tanto el descubrimiento de una Verdad absoluta como la elaboración de la descripción «menos mala» posible en un momento dado de la historia.

Por otro lado, se están entablando hoy día encendidos debates en torno al concepto de «corroboración no empírica», es decir, la posibilidad de confirmar (en un cierto sentido) una teoría en ausencia de contrastación experimental. Podría ser por ejemplo el caso de una propuesta que fuese matemáticamente convincente y que no tuviera competidoras. Es incontestable que esta forma de pensar abre una brecha en

1. Esta paradoja, llamada de Olbers, se apoya en que las estrellas más distantes envían naturalmente menos luz a nuestros ojos que las estrellas cercanas, pero son más numerosas por razones puramente geométricas.

la norma usual de rectitud y puede resultar peligrosa. No deja de ser chocante. Sin embargo, es significativo que sea siquiera contemplada. Revela tanto un malestar como un entusiasmo, tanto una audacia como un fracaso: marca una época convulsa, para bien y para mal.

En el caso de la materia oscura, hay «candidatos» que, habiendo sido considerados en el pasado para luego ser abandonados por falta de avances espectaculares, están volviendo a la escena. No porque cuenten ahora con el apoyo de medidas recientes, sino precisamente porque sus rivales han quedado eliminados. La exclusión (al menos parcial) de la teoría supersimétrica, que invalidó así la explicación más esperada, ha hecho que la idea de los agujeros negros primordiales, formados justo después del Big Bang, vuelva a ser considerada como explicación de la materia oscura. Aunque especulativa y caída en desuso –porque la creación de estos agujeros negros por los procesos físicos conocidos es muy difícil–, ha vuelto bajo la luz de los focos desde hace algún tiempo. Su resurrección se debe a la ausencia de competidores. Que nuestro universo estuviera poblado por agujeros negros microscópicos, más pequeños que la cabeza de un alfiler pero más masivos que una montaña, no carecería de una elegante extrañeza. Actualmente son objeto de activas investigaciones.

Entre los demás candidatos olvidados en un tiempo, llama también la atención la vuelta de los axiones. Los axiones son partículas muy misteriosas. Emergerían, no sin algunas contorsiones teóricas, de la corrección de una curiosa propiedad de las interacciones nucleares fuertes. Sin axiones, estas interacciones serían muy diferentes de su imagen bajo «inversión temporal». Pero la experiencia demuestra que no es así. Los axiones, al corregir esta situación, reúnen muchos atractivos formales, y algunos resultados experimentales incluso insinúan que ya han sido detectados. Sin embargo, la fiabilidad sigue siendo muy baja, y casi de inmediato aparecieron contradicciones: la búsqueda continúa, entre inevitable efecto de moda y verdadera efervescencia intelectual.

Así pues, la gran anomalía que representa la existencia de materia oscura sigue sin estar resuelta. Requiere el concurso de una «nueva física»: no hay duda de que es imposible explicarla utilizando nuestros modelos estándar. No se trata simplemente de un fenómeno extraño (por ejemplo, pequeños planetas no detectados), sino de la señal de que es necesario revisar nuestras leyes. ¿Será un ajuste menor o una revolución? No hay nada dicho.

A veces ocurre que los problemas requieren más de un descubrimiento para su resolución. En este momento es imposible excluir la posibilidad de que el enigma de la materia oscura necesite la introducción de más de un agente novador. Quizás sea necesario considerar simultáneamente una modificación de nuestra descripción de la gravedad y la existencia de partículas desconocidas. Puede ser que se necesite todo un mosaico de ideas para resolver la anomalía. Se trata a la vez de una pega en el paradigma y de una guía esencial para elaborar los rudimentos del próximo modelo estándar. Que, evidentemente, será a su vez puesto en dificultades por nuevas anomalías...

4. Energía oscura

La materia oscura no es el único componente oscuro del universo. Una extraña energía, radicalmente desconocida, parece presidir hoy el destino del cosmos. Su naturaleza y características siguen siendo un completo misterio.

De la expansión a la aceleración

Sorprendentemente, nuestro universo es liso. Al menos en el sentido en que lo entiende la física. Estudiar el universo no significa comprender todo acerca de cada uno de sus constituyentes, en cuyo caso obviamente sería, por definición, el sistema más complejo y heterogéneo imaginable. La ciencia del universo, la cosmología, está interesada en las «grandes escalas espaciales», es decir, en el comportamiento macroscópico, en los efectos de promedio. Decide omitir los detalles. De la misma manera que el meteorólogo entiende los movimientos del viento sin tener que preocuparse de describir cada una de las pequeñas moléculas que componen las masas de aire, el cosmólogo considera el fluido cósmico sin preocuparse demasiado de las estructuras astrofísicas subyacentes. Metafóricamente, los sistemas planetarios no son más que quarks en la escala del universo: ínfimos, inaccesibles, en el corazón de esas moléculas que serían los cúmulos y las galaxias.

Pero lo que realmente va a convertir el sistema universo en algo simple son las simetrías mencionadas brevemente en el capítulo anterior. Cuando se consideran volúmenes suficientemente inmensos, aparece en efecto una propiedad asombrosa: en esencia, esos trozos de espacio son todos ellos parecidos. Es lo que se llama homogeneidad. El mundo es casi igual en todas partes, siempre que el volumen sea lo suficientemente grande para que el efecto de promediar absorba las asperezas locales. Además, no hay ninguna dirección privilegiada: el espacio es isótropo. Esto significa que sea cual sea la parte de la esfera celeste a la que apunte un telescopio, las propiedades generales que observa son las mismas. Gracias a estas dos características esenciales, describir con precisión el universo es, en última instancia, mucho más sencillo que describir en detalle y de forma exhaustiva el objeto más pequeño de la vida cotidiana.

Aprovechando este regalo del cielo, es posible resolver las ecuaciones de Einstein para estudiar la evolución del cosmos. Este es uno de los pocos casos en que el cálculo se puede hacer «a mano», sin tener que recurrir a un ordenador. En efecto, la relatividad permite conocer el comportamiento del espacio una vez fijado su contenido. El resultado, conocido como ecuación de Friedmann, conduce a una excelente descripción de la expansión del universo. Esta expansión, manifestación de la dilatación del espacio, no tiene nada de misteriosa y constituye por el contrario una clara predicción de la teoría, corroborada efectivamente desde hace un siglo por las observaciones.

No hay por tanto ninguna paradoja en este «agrandamiento» del espacio cosmológico. Es solo la consecuencia directa de las ecuaciones relativistas (aunque ciertamente es abusivo decir que un fenómeno natural se desarrolla «como consecuencia de» una teoría inventada para describirlo). No hay nada de extraño, nada de inexplicable en la expansión misma. Es un descubrimiento completamente diferente, mucho más reciente, lo que es anómalo en este terreno: la expansión acelerada.

Como la gravitación es atractiva, era de esperar que la expansión se desacelerase. El universo debería expandirse cada vez menos deprisa, como una bicicleta frenada en una carretera horizontal: sigue avanzando, pero su velocidad disminuye. Para cuantificar la magnitud de esta desaceleración se han efectuado diversas medidas. Se utilizan para ello estrellas que se encuentran al final de su vida y que explotan: las así llamadas supernovas. Algunas de ellas tienen un brillo bien conocido y por lo tanto es posible estimar su distancia a partir de la luminosidad detectada con un telescopio. Un poco como la llama de una vela, que es menos luminosa cuanto más lejos está. Por otro lado, también es posible conocer la velocidad a la que se alejan (gracias al desplazamiento espectral). Conociendo así la velocidad en función de la distancia –y por tanto en función del tiempo, ya que ver más lejos es ver más atrás en el pasado– es posible utilizar estas relaciones para deducir la desaceleración buscada. La sorpresa fue mayúscula: resultó que era negativa. Es decir, la expansión del universo se está acelerando. No es solo que las distancias cósmicas estén aumentando, sino que aumentan a un ritmo cada vez mayor...

(No es del todo correcto afirmar que «ver más lejos es ver más atrás en el pasado». Es cierto que la luz tarda cierto tiempo en pasar del objeto que la emite al objeto que la recibe. Sin embargo, la afirmación solo coincidiría con el sentido común si existiera un tiempo universal. Pero justamente no es ese el caso. Imaginemos a dos personas conversando en la misma habitación, una sentada y la otra caminando despreocupadamente a su lado. Hablan, por ejemplo, de la posibilidad de que un cometa se estrelle contra un planeta en una galaxia distante. Este fenómeno, si realmente ocurre, puede que se produzca en el futuro de uno de los hablantes, digamos que dentro de un mes, pero que ya haya ocurrido, digamos que hace un mes, en el pasado del otro hablante, en el sentido habitual de las palabras «pasado» y «futuro». No hay en ello ninguna contradicción: aquel para quien la colisión aún no ha tenido lugar no tiene ninguna forma de evitarla, porque la galaxia donde ocurre está demasiado lejos para que llegue a ella antes de que se produzca el suceso. Todo esto se debe a que la noción de simultaneidad ya no existe en la relatividad. Aprender a renunciar a conceptos aparentemente fundamentales e intuitivos, o a modificarlos drásticamente, es una de las lecciones de humildad que jalonan la atenta observación del universo. Pero otras evidencias, por el contrario, deben ser defendidas con fiereza contra el olvido o la negación. Lo trágico (que también es lo mágico) del pensamiento creador proviene precisamente de que es imposible decidir *a priori* sobre esta cuestión. Se trata solo de apostar. Sin esperar, a cambio de ello, ningún beneficio más que la apertura de una posibilidad ignorada. Es cuestión no tanto de verdad como de honestidad, no tanto de método como de intención).

¿Una anomalía?

Esta expansión acelerada es, incontestablemente, una sorpresa. Pero ¿es una anomalía? No hay consenso acerca de esta compleja cuestión. Los debates no giran solo en torno a la manera de resolver los problemas, sino también sobre su identificación y la definición de lo que debe considerarse problemático.

La gravitación no la describe correctamente la teoría de Newton sino la relatividad general de Einstein. Esta relatividad es una teoría bien comprendida y bien contrastada empíricamente. Es el arquetipo de teoría lograda: coherente y predictiva. Pues bien, la teoría incluye de modo natural en sus ecuaciones una «constante cosmológica» que permite reproducir con mucha exactitud la aceleración del universo. ¿Cuál es entonces el problema? Para verlo es preciso sumergirse en toda la sutileza de la situación.

Antes de nada es necesario un poco de información de fondo sobre la introducción de esta controvertida constante. En origen fue concebida por Einstein porque su teoría predecía un universo en expansión, cuando la creencia predominante en aquel entonces era la de un espacio estático. Incluso los genios pueden dar muestras de conservadurismo: Einstein no pensaba que el universo pudiera realmente agrandarse y por lo tanto buscó la manera de modificar el modelo para limpiarlo de lo que creía que era una predicción errónea. Después, cuando se descubrió la expansión, calificó el episodio de «la mayor borricada de mi vida»: la relatividad predecía efectivamente el comportamiento correcto y solo había que tomarla en serio. Sin embargo, es injusto concluir, como se hace muchas veces, que la idea misma de la constante cosmológica fue una modificación arbitraria de la teoría. No es así: la presencia de este término es totalmente legítima e incluso necesaria. Forma parte de la relatividad general, y ello está hoy anclado en un corpus matemático extremadamente claro y riguroso. La «borricada» de Einstein no fue el hecho de introducir la constante cosmológica, sino haber supuesto durante un tiempo que dicha constante podía producir un universo estático. No es ese el caso. De hecho, es incapaz de generar de manera estable un espacio en reposo. Lo cual, en retrospectiva, importa poco, ya que el espacio está efectivamente en expansión. Pero, por incorrecta que fuera la intuición que dio lugar a la introducción de la constante cosmológica en las ecuaciones, lo cierto es que su presencia en la teoría se considera hoy indiscutible.

Si esta constante, perfectamente legítima como decimos, no puede generar un universo estático, puede en cambio generar sin dificultad un universo en expansión acelerada. Que es lo que se observa. Por lo tanto, todo parece perfectamente coherente, y esa es de hecho la opinión de un cierto número de físicos. En cierto sentido, nuestra teoría favorita explica sin dificultad la aceleración del universo. El modelo concuerda con la observación. Todo parece en orden.

Sin embargo, es difícil quedarse en esta constatación tan tranquilizadora.

El vacío no está vacío

A la reflexión anterior hay que invitar a otro actor fundamental: el vacío. Resulta que el vacío está en realidad todo menos vacío. Está poblado por partículas que aparecen espontáneamente, por un tiempo muy corto, para luego desaparecer con la misma rapidez. Un fenómeno extraño pero bien descrito por la mecánica cuántica. Incluso observado experimentalmente. Esos corpúsculos tienen una existencia esporádica pero real, en el sentido más común del término. Por término medio, las magnitudes físicas asociadas con el proceso de las «fluctuaciones cuánticas del vacío» son nulas. Exceptuando la energía. Efectivamente hay una energía en juego, una energía que en principio puede calcularse.

Ahora bien, la relatividad general nos enseña que la energía influye en el espaciotiempo. Concretamente, es posible mostrar que la naturaleza muy particular de estas fluctuaciones del vacío debería causar, también ella, una aceleración de la expansión del universo. He aquí, al parecer, una segunda solución al problema inicial. Si no fuese por un detalle, y es que la amplitud no es del todo correcta. La aceleración esperada en este caso sería gigantesca, desmesuradamente superior a la observada.

Sorprendentemente, es posible invocar de nuevo la constante cosmológica, esta vez para «contrarrestar» la enorme patología asociada con las fluctuaciones cuánticas. Tan enorme, que a veces se la llama la «peor catástrofe» de la física teórica. La magnitud del error, si se puede decir así, es de aproximadamente 10^{120}, un número tan grande que sobrepasa todo lo imaginable. Es necesario entonces cambiar el signo de la constante cosmológica para que genere una desaceleración fenomenal que compense la inmensa aceleración inducida por las fluctuaciones del vacío. El edificio cojea.

En realidad, la situación es aún peor. Antes de que se descubriera la aceleración del universo, era posible creer en una especie de milagro matemático. La esperanza estaba depositada en la existencia de una simetría oculta. Esta simetría habría determinado, por razones profundas pero desconocidas, la compensación precisa de los efectos del vacío cuántico por los de la constante cosmológica. Pero resulta que el universo acelera. Los dos procesos no son por tanto exactamente de la misma amplitud y eso lo estropea todo: la posibilidad de que exista una simetría providencial se esfuma. En esa situación, la ley de la gravitación tendría que equilibrar casi exactamente, pero no del todo, las consecuencias de las fluctuaciones cuánticas, a pesar de que son dos áreas de la física esencialmente independientes. ¿Cómo pudieron la gravitación y la física de partículas haber conspirado de esta manera y ajustado con increíble precisión algunos de sus parámetros, sin ninguna razón subyacente?

Relativa incoherencia

¿Existe entonces realmente un problema de la energía oscura? Es con este término como se denomina el origen de la aceleración cosmológica, sea cual sea. La oscura semántica utilizada aquí refleja nuestra incomprensión del fenómeno. A diferencia de la materia oscura, que parece imposible de explicar en el marco de los modelos estándar, no está estrictamente prohibido explicar la aceleración utilizando solo lo que se conoce y se comprende.

En ese caso ¿por qué muchos científicos lo consideran «el mayor enigma de la física contemporánea»? Sin duda porque no basta con que una solución sea posible; debe ser también probable. Pero esta probabilidad no debe entenderse en un sentido riguroso: es más bien una cuestión de consideraciones estéticas. Cuestión de una expectativa que siempre es, al menos en parte, extracientífica.

Lo que es evidente aquí es la extrema intricación de las cuestiones planteadas. Ni siquiera existe consenso dentro de la comunidad acerca de la capacidad o incapacidad de las teorías aceptadas para explicar la energía oscura. Y no puede ser de otro modo, porque el perímetro de estas teorías está siempre mal definido y porque, llevadas al límite, pueden conducir a predicciones muy diferentes según la forma en que se completen fuera de su zona de exposición a las pruebas experimentales. En el caso que nos ocupa, dependiendo de cómo se planteen las cosas, es posible llegar a conclusiones opuestas.

Según las culturas, el problema de la energía oscura se puede considerar como un problema de gravedad cuántica, de renormalización, de supersimetría, de gravitación, de universos múltiples, de transiciones de fase, de teoría de campos, etc. El significado preciso de estas palabras no importa aquí: lo que hay que recordar es que no solo es debatible la naturaleza del problema, sino que tampoco es evidente su existencia. A cada cuestión, su metacuestión.

Lo que hace que un enigma sea importante es obviamente su amplitud «objetiva» dentro del corpus teórico, así como las consecuencias previsibles de su resolución. Pero también es el tamaño de la comunidad de investigadores que trabajan en él. La cuestión de la energía oscura genera hoy esfuerzos considerables y ocupa un lugar central en la motivación de varios experimentos terrestres y espaciales. Está rodeada de una cierta efervescencia. No es fácil determinar si este entusiasmo está intrínsecamente justificado o no. Quizás la pregunta tampoco tenga sentido, porque cualquier empresa científica está fundamentalmente ligada a una aspiración humana. Solo es efectivamente objetiva en el seno de una relación con la realidad, creada o construida.

Las anomalías revelan simultáneamente algo del mundo, algo de nuestra (in)comprensión del mundo y algo de nuestras proyecciones fantaseadas sobre el (los) mundo(s).

Un problema tenaz

El «viejo problema» de la constante cosmológica, antes del descubrimiento de la aceleración, podía plantearse de dos formas diferentes. La primera consistía en considerar que la constante era estrictamente nula, por alguna razón que estaba por descubrir pero que se suponía aceptable. Pero entonces era necesario entender por qué las fluctuaciones cuánticas del vacío no aceleraban el universo de manera desmesurada. Lo cual constituye un inmenso problema, ya que la característica de las interacciones gravitatorias es precisamente su universalidad. Todo lo que hay en el universo contribuye a la dinámica del universo. ¿Por qué el vacío va a escapar a esta ley fundamental? La segunda forma de ver la situación era suponer que había un «vínculo secreto» que tendía un puente entre las fluctuaciones cuánticas y la constante cosmológica, de modo que ambas contribuirían de manera considerable y similar pero con signos opuestos, neutralizándose mutuamente.

El «nuevo problema» de la constante cosmológica es aún más espinoso. Como la aceleración medida del universo no es nula, eso significa que la compensación no es perfecta. En ese caso no puede haber ya ninguna razón profunda que explique la casi igual «potencia» de los dos actores. Sin embargo, deben ser casi exactamente idénticos en amplitud, lo cual requiere un nivel de «ajuste fino» prodigioso: dos magnitudes de orígenes diferentes deben ver cómo sus valores numéricos concuerdan con una precisión superior a cien cifras significativas...

La magnitud del problema está íntimamente ligada a la manera de enfocarlo. Para quien se contentase con pensar en términos gravitatorios, omitiendo el vacío cuántico, no habría verdaderamente ningún problema. La constante cosmológica forma parte de la relatividad general y puede explicar la aceleración cósmica. Su valor no era conocido hasta entonces; ahora viene fijado por las observaciones y el paradigma sale reforzado. Pero la física pretende ser sincrética, y es la visión global, teniendo en cuenta todos los aspectos de la cuestión, lo que falla hasta la fecha.

Es difícil calcular con precisión el valor exacto de la energía de las fluctuaciones cuánticas del vacío. Pero todas las estimaciones, incluso las más tímidas, están en extremo desacuerdo con las observaciones. Es posible por ejemplo suponer que a altas energías, más allá de las alcanzadas en los aceleradores de partículas, hay una nueva simetría (la famosa supersimetría que prometía una solución para la materia oscura) que consigue anular la contribución de estas fluctuaciones[1]. Pero solo la parte visible del iceberg, es decir, la diminuta zona relacionada con la física conocida, conduce ya a una discrepancia entre observaciones y medidas equivalente a un factor aproximadamente igual a 1 000 000 000 000 000 000 000 000 000 000 000 000 000 000.

Además, la historia del universo probablemente estuvo salpicada de transiciones de fase asociadas con rupturas de simetrías. Se trata de fenómenos similares a la aparición de una imanación al enfriar un metal: a altas temperaturas los «pequeños imanes» que contiene el metal están orientados en todas las direcciones (el estado es simétrico), pero a bajas temperaturas dejan de moverse, se alinean y generan un campo magnético macroscópico (la simetría se rompe). Estas transiciones de fase inducen un desplazamiento *dinámico* de la densidad de energía. ¿Cómo es posible que la constante cosmológica, que tiene un valor fijo, pueda compensar siempre esta magnitud variable? ¿O cómo podría haber anticipado, en una visión casi teleológica, cuál iba a ser el estado actual del cosmos? Nadie tiene hoy día una respuesta convincente.

La atención se centra ahora en los llamados modelos de quintaesencia, término elegido no sin malicia, porque etimológicamente se refiere a un quinto elemento sustancialmente sutil. En el caso que nos ocupa se trata más bien de una extraña entidad, lo que se llama un «campo», que llenaría el universo y cuyas propiedades evolucionarían con el tiempo para generar el fenómeno de aceleración que funciona desde hace miles de millones de años. Aunque perfecta-

---

1. La supersimetría no funciona a las energías sondeadas por el LHC, pero nada impide suponer que es válida a energías más altas.

mente legítimas desde el punto de vista teórico y definidas con precisión, estas construcciones –muy refinadas y a veces notablemente complejas– adolecen en general de serios problemas. Para que engendren el comportamiento cósmico requerido, es necesario elegir los diversos parámetros con una precisión poco razonable. Además, es difícil encontrarles una base fuerte y natural desde el punto de vista de la física de partículas, que sin embargo debería ser su fundamento. La quintaesencia ofrece un marco relevante para el estudio de la energía oscura, pero hoy por hoy tiene dificultades para convencer en tanto que descripción precisa y completa del fenómeno físico. En cierto sentido, su popularidad es testimonio de nuestra desocupación.

La aceleración de la expansión cosmológica fue uno de los grandes descubrimientos científicos de finales del siglo XX. Una observación radicalmente imprevista. Queda por elaborar una interpretación coherente y consensuada del fenómeno. La complejidad de la situación está en su apogeo, y cada año la confusión parece ramificarse aún más: ninguna solución es del todo convincente. Sin duda será necesario reformular la pregunta en un lenguaje completamente diferente para que pueda emerger una respuesta satisfactoria. O, simplemente, puede ser que haya que revisar alguna de las hipótesis fundamentales del modelo cosmológico.

En los artículos de investigación se lee a menudo que el verdadero problema no es el del ajuste fino sino el de las correcciones radiativas. Dicho con más claridad, esto significa que es extremadamente difícil hacer predicciones, porque tan pronto como se avanza en el cálculo, es necesario, en cierto modo, comenzar todo de nuevo. Pero el argumento es extraño. ¿Le preocupan a la naturaleza nuestras dificultades calculatorias? ¿O significa esta afirmación que finalmente se acepta la idea de que la ciencia no revela las cosas sino que constituye una simple creación en respuesta a expectativas muy humanas?

5. Ajuste fino

La ciencia no es solo un asunto de capacidad predictiva y coherencia descriptiva. Es preciso también que el modelo parezca como que cae por su propio peso. Tiene que radiar evidencia. Y esta condición no es la menos importante...

Lo que el problema no es

El «ajuste fino» mencionado en el capítulo anterior ocupa el centro de muchos debates y trabajos en física teórica. La cuestión se plantea cuando aparecen parámetros cuyo valor no es predicho por el modelo en cuestión. Este es casi siempre el caso cuando se trata de parámetros fundamentales. La teoría especial de la relatividad, por ejemplo, predice la existencia de una velocidad límite que constituye una especie de «constante de estructura» del espaciotiempo. La teoría extrae las consecuencias de esa finitud. Pero no predice el valor numérico de la velocidad. Las observaciones muestran que es aproximadamente de 300 000 km/s, pero si su valor fuese de 0,001 km/h, la teoría funcionaría igual de bien. *A priori* no hay ningún valor numérico privilegiado.

Puede sobrevenir una especie de malestar cuando los valores que hay que asignar a ciertos parámetros necesitan un ajuste extremo. Pero ¿a qué necesidad se refiere uno aquí? ¿Cuál es el fin o propósito en relación con el cual parece existir esa necesidad? Es importante ser precisos, porque la noción es sutil y a veces se comprende mal. La velocidad de la luz tiene, en el mundo físico, un valor perfectamente bien determinado. Es igual a «esto» y no a otra cosa. Así pues, en principio es necesario «ajustar» el valor que se le asocia en el modelo con una precisión infinita para dar cuenta de la realidad. Pero en esto no hay nada de preocupante. Esta observación tautológica no reviste ningún interés. La dificultad está en otra parte.

Aquí resulta útil adoptar una perspectiva denominada «bayesiana». Imaginemos que alguien juega a la ruleta. Una rueda gigante que tiene mil billones de casillas. La bola va a acabar deteniéndose en una de ellas. El resultado final, cualquiera que sea, era inicialmente en extremo improbable. Para ser concretos, su probabilidad era solo de uno entre mil billones. ¿Constituye esto una anomalía? Obviamente no. La bola tenía que detenerse en alguna parte y no hay absolutamente nada de extraño en que eso sucediera, aunque la probabilidad asociada fuese muy pequeña. Análogamente, la obtención de una determinada secuencia de números –necesariamente improbable *a priori*– en cada juego de lotería no suscita ningún asombro. Hay pocas posibilidades de que una combinación predeterminada gane, pero es completamente normal que al final del sorteo emerja una secuencia de números específica.

Imaginemos ahora que la ruleta tiene una sola casilla de color verde, diferente de las demás, y que se lanza la bola una sola vez. Si la bola aterriza precisamente en la única casilla «singular», entre mil billones de otras posibilidades, ¿no deberíamos sospechar la existencia de un fenómeno que se nos escapa? Por ejemplo, que esa casilla es singular no solo por su color, sino que el diseñador del juego probablemente ha escondido un pequeño imán debajo de la casilla y otro dentro de la bola. Análogamente, si uno lanza cientos de miles de veces una moneda y sale invariablemente «cara», ¿no es razonable concluir que hay un extraño mecanismo que orienta la moneda sin que nos percatemos de ello, o que la moneda está trucada y tiene «cara» en los dos lados? Sin embargo, la secuencia «cara-cara-cara...» repetida un millón de veces es exactamente igual de (im)probable que cualquier otra secuencia. Pero su carácter *a priori* específico le otorga un estatus particular y su materialización espontánea y efectiva no podría sino intrigarnos. Y con razón.

La situación es, por tanto, compleja. Si sorprende ver que la bola se detiene en la casilla verde, es solo porque somos conscientes de que esta es diferente de los otros miles de millones de casillas. Es un poco como si, en el lanzamiento de un nuevo juego de azar mundial, quien se llevara el premio gordo, al primer intento, fuera precisamente el director de la empresa que gestiona el negocio. Pero cada casilla es matemáticamente igual de improbable. Un observador que viese en «blanco y negro» y que no percibiese el carácter específico de la casilla verde no vería nada de particular en ese resultado. Así, pues, se perfila casi necesariamente una cierta subjetividad en la designación de las rarezas supuestamente objetivas de una situación dada: podría ser que las otras casillas también fuesen singulares, pero según criterios que no tenemos en cuenta.

Es probable que si los parámetros físicos del universo hubieran sido diferentes, la humanidad no habría existido. Esta constatación se utiliza a menudo para argumentar a favor de una intervención divina[1] o de un finalismo del tipo «diseño inteligente». Pero eso supone que somos «la casilla verde», es decir, que nuestra presencia en este mundo es intrínsecamente y *a priori* notable. Quién sabe. Tal vez sea más humilde y más razonable asumir nuestra contingencia...

De la diferencia entre números grandes

Una manera más precisa de plantear el problema del ajuste fino consiste en fijarse en las diferencias entre números grandes. Como se mencionó a propósito de la constante cosmológica, la extrañeza proviene en ese caso de la presencia de dos contribuciones inmensas que se compensan casi exactamente entre sí. Sin embargo, la diferencia entre dos números grandes también es en general muy grande.

Consideremos, por ejemplo, la edad de un ser humano expresada en segundos. Una persona de 60 años, por ejemplo, tendría una edad de 1 892 168 624 segundos (poco menos de 2 mil millones). Fijémonos ahora en las dos primeras

---

1. No se trata aquí de dar a entender que no hay intervención divina, sino simplemente que la cuestión es más seria, más profunda y más sutil que un cálculo de probabilidades.

personas que se cruzan en nuestro camino y calculemos aproximadamente sus edades. Por ejemplo, 35 y 60 años, es decir, poco más de mil millones de segundos para la primera y poco menos de dos mil millones para la segunda. La diferencia de edad entre las dos es del orden de mil millones de segundos. Es un número «grande», cercano al de cada una de las dos edades. Si consideramos dos alumnos de la misma clase, habrá por ejemplo solo 6 meses de diferencia. Pero la diferencia sigue siendo «grande»: 15 millones de segundos, para edades del orden de unos cientos de millones de segundos. Y de nuevo la diferencia no está muy lejos de cada una de las edades consideradas. Este es el comportamiento esperado.

Pero supongamos ahora que, al elegir al azar dos personas en la guía telefónica, su diferencia de edades, expresada siempre en segundos para que dé como resultado un número grande, resulta ser exactamente cero. O casi exactamente cero. Habría algo anormal. A menos que fuesen precisamente gemelos, lo que constituiría lo análogo de una simetría oculta puesta de manifiesto por esta extraordinaria coincidencia.

Si se considera la cuestión con un poco más de precisión, no es difícil darse cuenta de que es sutil. Si elegimos dos números «al azar» entre 0 y, por ejemplo, 10^{24} (es decir, un cuatrillón), hay muchas posibilidades de que la diferencia entre ellos sea grande, del orden de, salvo quizás un factor de 10.

Este número, 10^{24}, no lo hemos elegido al azar: corresponde aproximadamente a la cantidad de moléculas contenidas en algunas decenas de litros de aire. Imaginemos que contamos realmente las moléculas presentes en dos grandes bidones de este tamaño, exactamente idénticos. No encontraremos exactamente el mismo número. La diferencia será del orden de 10^{12} (o un billón). Es un número grande, pero esta vez mucho más pequeño que el número de moléculas presentes en cada recipiente.

Finalmente, imaginemos que se trata más bien de un cristal sin defectos y que contamos el número de átomos en dos volúmenes idénticos. Esta vez serían exactamente iguales.

La improbabilidad de una compensación entre dos grandes números está por tanto asociada fundamentalmente a los vínculos que existan, o no, entre los dos números. Todo estriba en eso.

Ya se trate de la aceleración del universo o de la física de partículas, una de las cuestiones más espinosas del momento tiene precisamente que ver con estas milagrosas compensaciones entre términos que parecen no tener nada en común y que, por tanto, no deberían tener valores extraordinariamente próximos. Salvo que se nos escape el vínculo que existe entre ambos. Es decir, salvo que, de una manera u otra, estén correlacionados.

El multiverso

Ante una situación de «ajuste fino», hay varias salidas posibles.

La primera posibilidad es comprender que en realidad no había verdaderamente nada de raro. La mayoría de los niños se sorprenden al descubrir que uno de sus compañeros de clase tiene la misma fecha de nacimiento que ellos. Lo ven como una coincidencia increíble. Pero un cálculo riguroso muestra que no tiene nada de sorprendente: de hecho es una situación perfectamente trivial. A veces nuestra intuición yerra enormemente al evaluar probabilidades.

Consideremos una enfermedad rara, que afecta a una de cada millón de personas. Supongamos que existe una prueba clínica excelente que tiene una precisión del 99,9%. La prueba casi nunca falla: solo una vez de cada mil. Si se hace la prueba a una persona elegida al azar de la población y el resultado es positivo, existe la tentación de concluir que lo más probable es que esté enferma. No es cierto: en realidad, la probabilidad de que lo esté es inferior al 0,1%. La intuición a menudo falla y conviene ser muy prudentes con el sentido común[2]. En este caso, la rareza de la enfermedad compensa con creces la precisión de la prueba (y el cálculo exacto, utilizando el teorema de Bayes, no es evidente).

La segunda posibilidad consiste en descubrir un proceso subyacente que explica en profundidad el valor observado y considerado asombroso. Por ejemplo, el universo hoy es muy «plano». Eso no quiere decir que tenga el aspecto de una tortita, sino que su geometría es euclidiana, es decir, que no tiene ni las características de una esfera ni las de una silla de montar. Lo cual es inesperado, porque la relatividad general muestra que cualquier curvatura es posible. El hecho de que la curvatura sea nula (es decir, la situación de planitud), puesto de manifiesto por las observaciones, llama por tanto la atención. Peor aún: cuando retrocedemos en el tiempo, hay

2. La paradoja de Simpson es aún más asombrosa. Se trata de casos en los que, por ejemplo, los menores de 40 años y los mayores de 40 tienen una cierta especificidad dominante, pero la población en general presenta sin embargo la característica opuesta. Aunque muy contrarias a la intuición, estas situaciones se comprenden bien. Véase Q. Berger y F. Caravenna, *The Conversation*, 4 de noviembre de 2021.

que ajustar cada vez más finamente el valor de la curvatura del espacio a «cero» para poder seguir explicando lo que se ve hoy. El problema no proviene del hecho de que el universo tenga una curvatura particular, que, una vez más, era necesariamente improbable *a priori*. Proviene del hecho de que, entre la infinidad de valores posibles, el «elegido» –y ello con una precisión increíblemente alta cuando consideramos el universo primigenio– es precisamente cero. No es un valor como cualquier otro. Es la casilla verde de la ruleta.

La solución a este enigma llegó con la inflación. Actualmente se cree que, inmediatamente después del Big Bang, el universo se infló de manera extremadamente rápida y desmesurada. Este proceso es muy genérico bajo ciertas condiciones. Al producirse, la curvatura inicial, cualquiera que fuera su valor, se diluyó considerablemente. Para entenderlo pensemos en un globo. Inicialmente es esférico. Pero si nos fijamos solo en una pequeña parte de él y lo hinchamos enormemente hasta que tenga un diámetro de varios miles de kilómetros, parecerá plano al observarlo localmente. Es lo mismo que la Tierra, que parece plana cuando estamos contemplando un prado o un estanque. Así pues, en el caso que nos ocupa fue el descubrimiento de un mecanismo complejo lo que hizo posible explicar el ajuste fino observado inicialmente: un fenómeno bien identificado llevó la curvatura hasta un valor nulo por razones claras y siguiendo una dinámica casi inexorable. Esto equivale a comprender que el valor muy particular adoptado por una magnitud física no es en realidad fruto de la casualidad, sino que resulta de causas hasta entonces ignoradas. En la física de partículas, el descubrimiento de simetrías a veces permite este tipo de conclusiones.

La tercera posibilidad es de otra naturaleza. Jugando una sola vez a la lotería es muy poco probable ganar el premio gordo. Pero si se juega muchas veces, ya no es nada sorprendente que se gane de vez en cuando. Es un poco como la solución del «multiverso». Si solo hay un universo, es muy extraño que exhiba por ejemplo una aceleración tan débil como la medida (es decir, una compensación casi perfecta entre la constante cosmológica y la energía del vacío). Pero si hay un sinnúmero o incluso quizás una infinidad de universos, la situación cambia drásticamente y resulta aceptable que algunos de ellos tengan ese comportamiento particular.

Naturalmente, es legítimo preguntarse lo siguiente: aunque la aceleración adopte muchos valores diferentes en otros universos, ¿por qué el valor observado aquí es tan específico, es decir, casi cero? La respuesta vendría entonces del sesgo de selección. Como los demás universos no serían propicios al desarrollo de la vida (una aceleración demasiado grande probablemente no permita la emergencia de la complejidad), simplemente no habría allí observadores para escrutarlos.

Análogamente, podría parecer razonable asombrarse de que nuestro medio terrestre esté tan «finamente ajustado» para nuestra existencia. Pero la reflexión es doblemente incorrecta. Por un lado, porque es completamente normal que los seres vivos se encuentren en un planeta hospitalario y no en el vacío cósmico o en el corazón de una estrella: su simple condición de objetos complejos y frágiles impone una selección draconiana entre los lugares posibles. Por otro lado, porque, en tanto que seres vivos, nos hemos adaptado en parte evolutivamente a nuestro medio. La vida es fundamentalmente adaptativa.

Dicho con otras palabras, el ajuste fino de un cierto número de parámetros de la física también podría explicarse por el hecho de que en otros lugares toman otros valores y de que los medidos aquí se ven simplemente favorecidos desde el punto de vista de la observación porque, cuando son diferentes, no hay observadores. Los peces podrían sorprenderse de que haya agua en todas partes del universo. Pero en realidad la solución es más sencilla: allí donde no hay agua, no hay peces para constatarlo.

¿Una inquietud?

La idea anterior no deja de despertar cierta desconfianza en la comunidad científica. En efecto, es innegable que invocar *ad hoc* la existencia de otros universos para tratar de eludir los problemas del ajuste fino sería una forma de superchería. Al menos de laxitud o de relajación de las exigencias científicas.

Pero el hecho es que varios de nuestros modelos, bien establecidos para algunos, especulativos para otros, parecen predecir espontáneamente la existencia de múltiples universos. Cuando los parámetros físicos varían de un universo a otro y el peso antrópico (es decir, la probabilidad de que existan observadores) también varía, la cuestión de la «naturalidad» de las leyes tal como las que se observan a nuestro alrededor debe revisarse a la luz de este contexto. Lo que parecía casi increíble puede parecer entonces perfectamente obvio. Simplemente nos encontraríamos en uno de los universos compatibles con nuestra propia existencia, y esto impone de hecho valores muy particulares para los parámetros físicos. No se trata de un truco de prestidigitación, sino del rigor científico más habitual: tampoco podemos entender las leyes de la biología terrestre sin tener en cuenta la especificidad de este medio. Nada en el razonamiento supone aquí que el ser humano sea singular o que su existencia estuviese predestinada, simplemente se trata de integrar las cuestiones de vecindad y comprender que la visión global puede ser sumamente diferente de las especificidades locales.

Es cierto, sin embargo, que este tipo de razonamiento puede resultar difícil de contrastar. Pero, en contra de lo que podría hacer creer una mirada superficial, ello no es estrictamente imposible: se pueden formular predicciones y contrastarlas en el multiverso. Aunque es innegable que son más difíciles y mucho menos fiables que cuando se trata de partículas producidas, por ejemplo, durante una colisión en un acelerador construido por manos humanas. Disponer de una sola muestra, nuestro universo, es una situación experimental desfavorable, pero no desesperada. Una teoría del multiverso que predijera características erróneas para nuestro mundo se vendría abajo, junto con todos sus múltiples universos. No es necesario verificar *todas* las predicciones de un modelo para contrastarlo.

Por ejemplo, un modelo del multiverso que predijera que en el 99,99% de los universos las plantas son azules (y que las condiciones son hospitalarias) quedaría estadísticamente en posición desfavorable por la sola observación de nuestro propio universo, que está en desacuerdo con esa predicción. El hecho de que, por definición, no podamos ir físicamente a los otros universos, ni verlos, no impide contrastar una teoría que prediga un multiverso.

El multiverso no es una solución mágica para todos los problemas de la física. Lejos de ello. Pero es una seria posibilidad, a considerar con interés. Arroja una luz importante sobre ciertas cuestiones relativas al ajuste fino, emprendiendo finalmente de manera muy habitual el largo camino de las ciencias hacia una humildad cada vez mayor... Nuestra visión global, después de haber sido geocéntrica (indexada a la Tierra), heliocéntrica (indexada al Sol), galactocéntrica (indexada a nuestra galaxia) y cosmocéntrica (indexada a nuestro universo), quizás se esté volviendo estrictamente acéntrica. Así como nuestro entorno planetario está, por razones obvias, muy lejos del estado medio del universo, nuestro universo quizás sea radicalmente particular dentro del multiverso: simplemente no hay nadie que pueda contemplar los espacios vacíos y pobres en los que no hay ninguna criatura viviente.

Sería un error creer que «el» método científico está bien definido y más aún que es inmutable o fijo. Cada revolución supuso una ruptura no solo en la forma de entender el mundo sino también en la metodología con la que era aprehendido o interrogado. Si, por consiguiente, la idea del multiverso viniese a modificar el marco conceptual del pensamiento científico –lo cual no es evidente, porque en este aspecto sigue siendo bastante ortodoxa–, sería ciertamente desacertado desacreditarla por esa sola razón. La historia de las ciencias es una historia de exploraciones inesperadas e hipótesis audaces. Las ideas que acabaron siendo canónicas fueron, en el momento de su germinación, anomalías.

Las anomalías solo son problemáticas en relación con un marco que desafían desde el interior. Constituyen las asperezas en las que tropieza el pensamiento dominante. Ofrecen un poco de rugosidad en el camino siempre demasiado liso de las inercias conceptuales.

6. Rayos cósmicos

La luz no es el único mediador del cosmos. A la cabeza de las demás entidades capaces de aportarnos información valiosa sobre nuestro mundo están los rayos cósmicos.

Partículas en el espacio

Con la expresión «rayos cósmicos» se designan los corpúsculos que surcan los espacios interestelares e intergalácticos. Pueden ser protones, núcleos pesados, fotones, neutrones...

Históricamente, su descubrimiento ha jugado un papel muy importante. En efecto, desde 1900 los físicos observan que el aire de la atmósfera terrestre está constantemente ionizado: partículas energéticas despojan a los átomos de sus electrones. ¿De dónde provienen esas partículas? La explicación más sencilla era suponer que el origen del fenómeno es la radiactividad de las rocas terrestres. Por ejemplo, los núcleos inestables del granito emiten radiaciones ionizantes al desintegrarse. Pero, sorprendentemente, el número de partículas medidas aumentaba con la altitud, lo que hacía pensar en un origen extraterrestre. Además, que fuese de día o de noche, apenas había ninguna diferencia en las velocidades de conteo. Es decir, estas extrañas partículas no procedían ni de la Tierra ni del Sol.

Los rayos cósmicos se vienen estudiando en detalle desde hace más de cien años y, en esencia, se conocen bien. Es probable que tengan su origen en los restos de supernovas. Los residuos de estas extraordinarias explosiones de estrellas masivas pueden perdurar miles de años. Las ondas de choque que se producen allí son capaces de acelerar las partículas a muy altas energías. Hay muchos indicios de que son efectivamente esos los lugares donde nacen los rayos cósmicos, algunos de los cuales vienen a estrellarse, por casualidad, contra nuestro planeta.

Dichas fuentes se encuentran en el interior de nuestra galaxia, nuestra pequeña isla del universo, y permiten alcanzar energías del orden de mil billones de veces (10^{15}) la de la luz visible. Pero se han detectado rayos cósmicos por encima de esas energías. Por tanto, es probable que su origen sea extragaláctico. Los candidatos más razonables para la producción de estas partículas de energía ultraalta son los núcleos activos de galaxias: grandes agujeros negros que pueden convertirse en formidables aceleradores de partículas. Como es lógico, las partículas no provienen del interior del agujero negro, porque de allí nada puede escapar, sino que, antes de entrar en el agujero, son eyectadas debido a la presencia de intensos campos magnéticos.

Energías anormales

Esta hipótesis del origen dual –en parte galáctico y en parte extragaláctico– de los rayos cósmicos constituye un modelo coherente y relativamente convincente. La razón por la cual los flujos se acoplan sin solución de continuidad a la energía bisagra sigue siendo un misterio: el componente extragaláctico podría ser mucho mayor o mucho menor, lo que provocaría un «salto» en las medidas, pero sorprendentemente parece tener la misma amplitud que el componente galáctico cuando toma el relevo. Es un detalle que sorprende pero no consterna: el edificio parece viable. Se tiene en pie.

Sin embargo, la situación no es tan simple. Es fácil calcular que la energía máxima que puede alcanzar una partícula mediante los procesos mencionados anteriormente es del orden de diez trillones (10^{19}) de veces la de la luz visible. Es un valor inmenso. Pero los experimentos han revelado partículas de energía incluso superior a este límite. E incluso unas 30 veces más grande...

Eso es una anomalía. Semejantes rayos cósmicos no deberían existir. Ninguna fuente conocida es capaz de producirlos. El universo no anda escaso de procesos extremos conocidos, pero todos ellos resultan insuficientes en este caso. Suponiendo que el rayo cósmico que ostenta el récord de energía registrado es un protón, su velocidad sería 99, 999 999 999 999 999 999 999 % la de la luz y su energía varios millones de veces mayor que la de las partículas aceleradas en el colisionador gigante LHC del CERN en Ginebra.

Manifiestamente existen en el cosmos hiperaceleradores que desafían lo que sabemos acerca de los procesos astrofísicos. A tales energías, los rayos cósmicos no son desviados por los campos magnéticos que existen en (y entre) las galaxias y que, en el caso de partículas menos energéticas, les imponen trayectorias aleatorias o curvas. Al igual que la luz, los rayos cósmicos de los que hablamos viajan casi en línea recta y por tanto su dirección de llegada informa sobre la posición de la fuente que los genera. Sin embargo, las observaciones sugieren que las zonas de emisión no coinciden claramente con la posición de los objetos celestes que podrían ser «candidatos» razonables para estos procesos que desafían las leyes usuales.

Una inquietante proximidad

La extrañeza de este fenómeno es en realidad aún mayor. El espacio está bañado por una luz reliquia del Big Bang: una radiación fósil, muy intensa, que constituye una sonda de valor inestimable para comprender los primeros instantes del universo. Esta radiación, además del extraordinario interés que reviste en sí misma, tiene un efecto directo sobre la propagación de las partículas cósmicas extremas: les impide recorrer grandes distancias sin perder gran parte de su energía.

Más allá de cierta energía (5×10^{19} veces la de la luz visible), los protones reaccionan con la radiación fósil y crean lo que se denomina una «resonancia». La resonancia es de corta duración y da luego lugar a otras partículas. El protón inicial pierde una fracción significativa de su energía, y este proceso le impide recorrer más allá de unos 100 millones de años luz, que es relativamente poco en la escala del universo.

Sin embargo, se observa un cierto número de rayos cósmicos por encima de esa energía, lo que claramente significa que no pueden venir de «lejos». La paradoja es por lo tanto doble. Por un lado, porque hay astros de una potencia incomprensible, y por otro, porque estos se encuentran necesariamente en nuestros alrededores. Los hiperaceleradores no pueden estar en la otra punta del mundo.

La extrañeza de la anomalía se multiplica por diez debido a su proximidad. Como sucede a menudo, es difícil anticipar la resolución de la paradoja. Quizás baste con mejorar o refinar el paradigma dominante, entendiendo por ejemplo que los procesos de aceleración en las galaxias activas hacen posible alcanzar energías superiores a las esperadas. O habrá que recurrir a una explicación revolucionaria, en la que, por ejemplo, la desintegración de partículas supermasivas revele una física hasta ahora desconocida...

Sea como fuere, este enigma ha dado lugar a un esfuerzo experimental extraordinario. Los flujos de rayos cósmicos de energías extremas que llegan a la Tierra son muy débiles: solo una partícula por kilómetro cuadrado y por siglo. Para obtener resultados interesantes en unos cuantos años se necesitaría un detector enorme, normalmente de varios miles de kilómetros cuadrados. Eso debería haber sido suficiente para desanimar a los astrónomos y físicos más audaces. Sin embargo, no fue así: el observatorio Pierre Auger, construido en Argentina, tiene una superficie equivalente a la de un departamento francés. Naturalmente –y por fortuna– no fue cuestión de destruir 3 000 km^2 de pampa. Como los rayos cósmicos provocan gigantescas cascadas de partículas al golpear la atmósfera, basta con distribuir juiciosamente por esa inmensa extensión una serie de pequeñas estaciones autónomas que funcionan con energía solar. Cada año, el observatorio Auger suministra su lote de medidas incomprendidas...

El panorama general sigue siendo borroso. El observatorio ha confirmado que las fuentes deben estar efectivamente fuera de nuestra galaxia. Pero, ¿qué son exactamente? Hay infinidad de hipótesis, pero ninguna de ellas goza de consenso. Sobre todo porque las medidas recientes sugieren que estos rayos cósmicos de energías extremas probablemente no sean ni protones ni fotones, sino núcleos de hierro. Lejos de un firmamento tranquilo y dormido, el cielo del astrónomo contemporáneo se vuelve violento y caprichoso.

Bocanadas

Otros rayos cósmicos poseen energías relativamente usuales pero asombran por el aumento esporádico de su flujo. Este es, por ejemplo, el caso de los estallidos de rayos gamma.

Durante algunos años, este descubrimiento se mantuvo en secreto. En efecto, fueron los satélites militares estadounidenses, dedicados a vigilar la actividad nuclear soviética, los primeros en detectar, a finales de la década de 1960, extrañas bocanadas de rayos gamma. Tras minuciosa investigación se vio claramente que estos espasmos de fotones de alta energía no tenían nada que ver con los soviéticos. Presentaban incluso un origen visiblemente espacial. Las observaciones fueron «desclasificadas» y pasaron a interesar más a los astrofísicos que a los estrategas.

Durante más de una década se supuso que las fuentes de estos deslumbrantes destellos estaban situadas en nuestra galaxia, es decir, en los suburbios de la Tierra. La Vía Láctea es enorme a escala humana –su diámetro es unos 100 billones de veces el de la Tierra–, pero sigue siendo diminuta a escala del universo visible: el diámetro de este último es casi un millón de veces mayor que el de la galaxia. Pues bien, un estudio detallado de la posición de los estallidos de rayos gamma reveló en los años 90 que estaban distribuidos al azar por toda la esfera celeste, es decir, parecían ser isótropos. Esto demuestra que en realidad provienen de mucho más lejos de lo que se sospechaba hasta entonces. Si emanaran de nuestra galaxia, serían mucho más numerosos en dirección al centro galáctico que en la de su lejana periferia.

Ahora bien, si estos estallidos de rayos gamma son de origen cosmológico, es decir, si sus fuentes son extremadamente lejanas, eso significa que la potencia liberada durante la explosión debe ser absolutamente colosal para que lleguen hasta nosotros. A diferencia de la situación comentada en los párrafos anteriores, no es la energía individual de cada «grano» electromagnético (cada fotón) lo que sorprende aquí, sino la energía total asociada a la explosión.

Después de prolongados esfuerzos teóricos, se llegó a la conclusión de que el supuesto más verosímil para explicar estas increíbles deflagraciones cósmicas era sin duda el colapso de una estrella muy masiva para convertirse en un agujero negro o en una estrella de neutrones. O tal vez la fusión de un par de estrellas de neutrones. Estos objetos muy compactos tienen densidades internas del orden de mil millones de toneladas por centímetro cúbico y en ellos reinan campos magnéticos increíblemente intensos.

Pero el misterio de los estallidos de rayos gamma no está del todo aclarado. En primer lugar porque no se conoce con precisión la forma –obviamente muy eficiente– de conversión de la energía de la explosión en rayos gamma. Y además porque algunos eventos no encajan en el paradigma. Pueden durar demasiado tiempo o exhibir comportamientos demasiado energéticos. ¿Constituyen una clase aparte o son solo la forma paroxística de un proceso cuyos detalles aún se nos escapan? Anomalía esporádica pero inquietante.

Los rayos cósmicos han trazado hasta cierto punto el camino de la física de partículas. También abrieron la ventana de la astrofísica de altas energías. En más de un siglo de estudios ininterrumpidos han desvelado numerosos secretos. Pero, cual pozo sin fondo, a medida que los enigmas se detectan con mayor precisión o mayor sensibilidad, surgen otros nuevos. Falta todavía la comprensión global, verdadero suplicio –o tal vez más bien delicia– de Tántalo: el río del conocimiento se oculta tan pronto como parece posible saciar la sed en él...

7. El sentido de lo insensato

Las anomalías no son solo problemas por resolver. Son también pequeñas concreciones en el espacio del pensamiento. Sobredensidades heterogéneas en torno a las cuales se inventan nuevas intensidades.

Imperfecciones

Que ningún modelo es perfecto es un hecho evidente sobre el cual incluso las mentes más cientificistas se ponen fácilmente de acuerdo. Pero ¿en qué sentido debe entenderse esta reserva? Además, la perfección nunca está definida de manera transparente y unívoca. Sin duda contiene una parte inevitablemente contractual y cultural. Es *situada*.

La perfección puede entenderse en un primer sentido casi trivial: el de la adecuación de lo predicho a lo medido. Esta versión tiene la inmensa ventaja de ser cuantificable. Es posible comparar el cálculo con la experiencia y evaluar la posible diferencia que los separa. Indudablemente, la perfección, en este sentido, nunca se alcanza, pero su papel o estatus como horizonte es simple y claro. La aproximación a ella es asintótica. En esta acepción se trata únicamente de la capacidad de prever, que es muy diferente de la voluntad de comprender. A menudo es posible anticipar el comportamiento de un sistema sin saber nada acerca de su sutil funcionamiento.

La perfección puede entenderse en un segundo sentido, más sutil: el de la capacidad explicativa. En ese caso la teoría ya no es considerada únicamente por su dimensión heurística o práctica, sino por el acceso que da a la realidad en sí misma. El envite es de importancia y la calidad se evalúa entonces por la profundidad de la luz que prodiga el modelo. Generalmente, la sensación de comprensión proviene de la reinserción de un fenómeno aparentemente extraño en una red de familiaridad. Pero lo común y corriente ¿es garantía de auténtica comprensión? Aquello a lo que estamos habituados nos parece evidente. Pero, ¿lo comprendemos, en sentido literal? Una piedra que se elevara espontáneamente en el aire despertaría asombro, y con razón. Pero la caída de esa misma piedra, que es algo que nos resulta habitual, ¿la entendemos mejor[1]? Es frecuente llamar «comprensión» a la absorción de lo extraño por lo usual. En un sentido casi deleuziano, lo comprendido es una cuestión de lógica serial. Que podría no ser más que una impostura.

---

1. Bastaría poner un simple signo «-» en la ley de Newton para que los cuerpos se repelieran. Matemáticamente, la teoría sería igual de coherente y natural (aun cuando, por supuesto, no podríamos existir tal como somos en ese universo).

A veces, en el marco científico, la comprensión se refiere más bien a la matematización del problema. Por ejemplo, con frecuencia se considera que los quarks, las partículas elementales, no se «comprenden» realmente hasta que se asocian a representaciones irreductibles de grupos de simetría. Implícitamente, la hipótesis ontológica tomaría aquí la forma de una primacía casi platónica de las matemáticas. Así, un fenómeno matematizado estaría correctamente aprehendido porque está transcrito en el lenguaje propio de la naturaleza, para usar las palabras de Galileo.

Finalmente, la comprensión proviene otras veces de la analogía. Basta establecer un vínculo entre un proceso complejo y una situación más simple para supuestamente captar el primero. La expansión de un universo bidimensional se podría explicar, por ejemplo, mediante la referencia a un globo inflado en el que una serie de pequeños puntos marcados en él representan las galaxias alejándose unas de otras. El paralelismo es incuestionablemente atractivo: de esta manera es posible «comprender» intuitivamente que el universo no tiene ningún centro, igual que no lo tiene la superficie del globo (el centro del globo, en el sentido usual, solo existe en tres dimensiones). También es fácil ver que el universo puede tener un tamaño finito sin poseer ningún borde ni frontera, lo mismo que ocurre con la superficie del globo (un insecto que se desplaza por ella no dispone de un espacio infinito, pero nunca alcanzaría ningún borde). La analogía es eficaz. Elocuente. ¿Pero es suficiente?

La perfección puede entenderse en un tercer sentido, más estético. Se trataría de la belleza de la teoría. Pero esta belleza es en sí misma multívoca. ¿Se trata de una elección íntima o, en una acepción más kantiana, de un universal sin concepto que debería, *in fine*, ser compartido por todos? La belleza en cuestión ¿hay que entenderla en un sentido trans-histórico o asume las contingencias societales que presiden la elaboración de sus cánones? En el primer caso corre el riesgo de congelar el pensamiento científico, lo cual es antinómico con su sentido mismo, mientras que en el segundo puede someterlo a campos disciplinarios de los que a veces busca precisamente distanciarse. Distancia que nunca debe interpretarse como altura o superioridad, sino, por el contrario, como un deber de humildad en la elaboración de otro «modo o mundo de ser».

La perfección puede finalmente revestir un valor místico. Que se manifiesta a veces en la forma de una resonancia entre teoría y postura espiritual. Se trata entonces sobre todo de completitud sentida o de supuesta absolutidad. En ese caso, linda con la plenitud.

¿Qué se espera de la ciencia?

Estas cuestiones son importantes porque, al definir lo que sería una ciencia ideal, estructuran nuestras expectativas en relación con el gesto científico. Ello no es evidente. Generalmente se considera que la ciencia aspira a la verdad. Que, sin haberla alcanzado, nos permite acercarnos a ella. Esta visión, por habitual que sea, no está exenta de dificultades o incoherencias.

En primer lugar, la existencia misma de esta Verdad absoluta y hegemónica no está garantizada. Al menos su significado es ambiguo. ¿A qué se refiere uno exactamente aquí? Nada garantiza que la ciencia abarque la totalidad de lo real.

Nada prueba que la ciencia no sea una versión *entre otras* de lo real. No hay duda de que la física, por ejemplo, es tremendamente eficaz en su propio campo. ¿Pero puede, por derecho propio, absorber la música, la poesía y la pintura? ¿La trascendencia –en tanto en cuanto exista– debe disolverse en ella? ¿Los mundos animales –aquello que tiene sentido para un saltamontes o una ballena– deben necesariamente reducirse a ella? Absolutamente nada permite pensarlo. Es una apuesta que sigue siendo posible y potencialmente legítima, pero que descansa, en el estado de cosas actual, en un acto de fe y que denota quizás una cierta arrogancia.

El reduccionismo no funciona, de manera obvia, ni siquiera dentro de la física misma. La idea de que el conocimiento de la estructura íntima de la materia puede permitirnos comprender los fenómenos a gran escala es antigua y natural. Puede que sea correcta. Sin embargo, en la práctica, nada sucede de esa manera. No es la física de partículas elementales la que lleva a comprender o encontrar las leyes de la mecánica de fluidos. Para describir un flujo turbulento (el fenómeno macroscópico) no es necesario ni útil contar con una teoría fiable de los quarks y los leptones (el fenómeno microscópico). Los desarrollos de la teoría de cuerdas –cuya ambición es explicar los objetos más pequeños y fundamentales– no son de interés para los especialistas del estado granular que trabajan en flujos arenosos. Por consiguiente, si la propia física no funciona en modo reduccionista, conviene sin duda ser más que circunspectos en cuanto a su capacidad para subsumir la totalidad de lo real sin nada más que sus métodos y objetos.

Después se plantea con agudeza la cuestión de la unicidad, necesariamente adosada a la de la Verdad. El papel del investigador sería descubrir *la* teoría correcta. Esta visión está tan arraigada en el imaginario científico, que generalmente ni siquiera se expone o desarrolla. Es como si fuese evidente. Pero no es nada seguro que sea así. La epistemología popperiana, adoptada por la mayoría de los científicos, consiste esencialmente en considerar que entre varios modelos en competencia, el «correcto» emergerá cuando la contrastación experimental haya permitido falsar, es decir, refutar, las proposiciones que eran inexactas. Por eliminación de las ideas erróneas, derrotadas por su inadecuación a las medidas empíricas, tenderíamos por tanto hacia la teoría verdadera y única. Esta atractiva visión resulta difícilmente sostenible.

El primer problema, señalado, entre otros, por los filósofos de la ciencia Thomas Kuhn y Paul Feyerabend, proviene de que es sumamente difícil concebir una convergencia hacia la verdad, desde el momento en que cada nuevo paradigma, cada nuevo gran relato del mundo, es inconmensurable con el precedente. En efecto, toda revolución científica conduce no solo a una nueva forma de jugar, sino también a un cambio radical de las propias reglas. En otras palabras, la distancia entre un paradigma y el anterior o el siguiente es *infinita*. No se trata de mejoras o refinamientos, sino de profundas rupturas ontológicas. Para Newton, por ejemplo, existe una fuerza gravitacional que viene descrita por una ecuación bien conocida. La revolución de Einstein no consiste en escribir esta fuerza de otra manera, sino en denegarle toda existencia y sustituirla por un espaciotiempo curvo y dinámico. La próxima revolución, quizás la teoría de cuerdas o la gravedad cuántica de bucles, no conducirá a una modificación del espaciotiempo de Einstein, sino a una visión *completamente diferente* que, en términos de descripción de lo real, se basará en una gramática absolutamente diferente. ¿Cómo podría entonces «acercarse» uno a la Verdad cuando cada nuevo modelo marco está infinitamente alejado del anterior y del siguiente, cuando los conceptos que estructurarán el mundo del nuevo paradigma no tienen literalmente nada en común con los que utilizamos hoy? Cada convulsión científica es una inversión ontológica que inventa objetos, conceptos, criterios y marcos completamente nuevos. La historia del pensamiento no consiste ni en una mejora ni en una acumulación, tiene que ver con la disrupción: nuestra descripción del movimiento de los planetas no se basa en «mejores dioses» que los de los antiguos, sino en entidades radicalmente diferentes. Por lo tanto, parece razonable reconocer que, si bien la precisión predictiva de los modelos físicos obviamente mejora con el tiempo, su valor de verdad, en el sentido profundo y literal, *no puede* «aumentar», ya que no existe ninguna medida que cuantifique la distancia a la teoría «última». Una teoría, recordemos, cuya misma existencia obviamente es cuestionable y que podría no ser más que una fantasía. En todo caso, seguiría siendo absolutamente ajena a nuestras construcciones contemporáneas, como lo son estas con respecto a los mundos que las precedieron.

Si la verdad se midiera en función de la eficiencia, el sueño de un viaje hacia ella quizás pudiera perdurar. Pero no es así. Las redes de neuronas informáticas, por ejemplo, tienen un extraordinario poder predictivo, sin que, muy a menudo, dispongan de la menor información sobre la naturaleza de los procesos que operan en el sistema objeto de estudio. Gracias a las regularidades y correlaciones, permiten anticipar cada vez con mayor precisión, pero no aprenden absolutamente nada sobre lo que sucede detrás del «velo de ignorancia»[2]. Es absolutamente esencial no confundir nunca la facultad anticipatoria con la comprensión. Si la ciencia es más que una técnica, es decir, si pretende describir el mundo y no solo ayudar a enfrentarse a él (y sobre todo a destruirlo), no tiene ningún sentido esperar que se acerque a una verdad. El corazón de la paradoja está aquí: es precisamente el deseo científico de verdaderamente *explicar* lo que imposibilita la lenta convergencia hacia la absolutez. La historia es la de una sucesión de divergencias: en términos conceptuales no se perfila ninguna asíntota.

El segundo problema es probablemente aún más profundo y generalmente se pasa por alto. Si bien es cierto que las teorías insatisfactorias son eliminadas por su inadecuación a los nuevos datos experimentales o porque se descubren en ellas inconsistencias matemáticas, no debe ocultarse un detalle fundamental, y es que al mismo tiempo se elaboran otros modelos. De ahí que la cantidad de proposiciones concurrentes en un momento dado de la historia de la ciencia *no* disminuya con el tiempo. Esto es, por ejemplo, lo que vemos claramente hoy día en el caso de la gravedad cuántica: si bien es cierto que determinados enfoques periclitan efectivamente, constantemente se están desarrollando otros nuevos.

Las consecuencias de esta elemental observación son importantes. Desmontan la idea misma de una indefectible

---

2. Lo cual subraya también por qué la inteligencia artificial no puede verse en ningún caso como una solución a los principales problemas ecológicos y sociales. Se basa únicamente en la reproducción de lo conocido y por tanto es mucho más una parte del problema que una posible solución.

connivencia entre ciencia y unidad. Si se piensa que únicamente es significativa la teoría «buena», entonces la ciencia no tiene ningún sentido. En efecto, como se explicó anteriormente, no estamos en posesión de dicha teoría[3] y la distancia que nos separa de ella es necesariamente *infinita*, ya que solo tomará forma al final de las revoluciones que, como siempre sucedió en el pasado, redefinirán por completo la realidad y su funcionamiento. Exigir la Verdad equivaldría, paradójicamente, a negar la ciencia. En efecto, en ese caso sería necesario dejar de utilizar el modelo estándar de la física de partículas –¡sin embargo tan eficaz!– porque, con toda seguridad, no puede ser absolutamente «verdadero». La postura sería nihilista. Si, por el contrario –lo que es sin duda la única postura razonable–, se considera que la ciencia tiene solo un significado *transitorio*, entonces es el conjunto de las teorías aún no excluidas, concurrentes y mutuamente excluyentes, lo que constituye la verdad científica.

Esta epistemología, correlato directo de la práctica efectiva de las ciencias y del análisis de su contenido alético –es decir, relativo a la verdad–, conduce a una visión plural de la racionalidad física. El sentido profundo del mensaje científico, si lo hay, solo puede estar ligado a las proposiciones a menudo antagónicas que coexisten en un momento dado. La cuestión ya no es la Verdad con mayúscula: esa nunca se

---

3. Todo lleva razonablemente a pensar que nunca lo estaremos, ya sea porque no existe o porque constituye un estado inalcanzable. ¿Cómo cabe imaginar seriamente que, después de 4 mil millones de años de intensa y errática evolución de la vida y la inteligencia, es precisamente nuestro tiempo –o un futuro cercano en el que la humanidad aún exista– el que tocará el final? Esta idea ingenua y arrogante ha cruzado naturalmente toda la historia, pero es difícil imaginar que todavía pueda tener éxito.

encuentra. Por tanto, si la ciencia dice algo, es esa multiplicidad de ideas convincentes y mutuamente contradictorias. Las cuales no representan un estado temporalmente lacunario del conocimiento, a la espera de descubrir la elegida, sino la forma esencial del conocimiento científico. Por desconcertante que parezca, la ciencia de la naturaleza es (en parte) una invitación a transigir con una discordancia constitutiva.

La física propone una realidad difractada. La mejor definición de la verdad –o de la corrección, por formularlo como el filósofo Nelson Goodman– que se articula en ella es, en mi opinión, la de una profusión de ideas simultáneamente correctas (cada teoría en concordancia con las medidas, matemáticamente coherente y apoyada por una comunidad de expertos) pero diferentes y divergentes (porque no solo están ligadas a conceptos disjuntos, sino que conducen a predicciones incompatibles). Las medidas efectuadas más adelante eliminarán algunas de estas teorías dentro de diez años, otras dentro de treinta. En ese sentido, todas ellas son falsas y todas serán refutadas en un plazo más o menos largo. Igual que los futuros modelos estudiados. Sin embargo, todas estas teorías siguen siendo *ciertas* en un momento dado. Este es el sentido de la ciencia, esta es la versión de la realidad que propone. Aceptando su temporalidad, abre las puertas a una pluralidad rigurosa y regocijante.

Anomalías

Así pues, en sentido literal *todas* las teorías son inexactas, incluso aquellas que no están amenazadas por casi ninguna teoría rival. Algún día, cada una de ellas será sustituida por una nueva proposición sin medida común con aquella que reemplaza. La verdad de la ciencia ha de concebirse por tanto en un sentido menor y múltiple: la del conjunto de los modelos –todos ellos falsos en sentido literal– que, en una época dada, siguen siendo compatibles con el saber de ese tiempo. La contradicción es *interna* al pensamiento científico. Menos como una dinámica que como un invariante estructural.

Sin embargo, es obvio que no todas las teorías tienen el mismo valor. Existe una jerarquía muy marcada entre las versiones sólidamente fundamentadas y aquellas otras que son altamente especulativas o incluso claramente inaceptables. En esta arquitectura, las anomalías juegan un papel esencial aunque su estatus sea ambiguo. No son lo mismo que las imperfecciones. Ni que las incompletitudes. Menos aún que las decepciones. Se definen más bien como aquello que escapa a las monotonías inerciales. Como aquello que rompe la serie de las expectativas. Como aquello que escapa al confort del pensamiento.

Sin embargo, la frontera entre anomalías e imperfecciones es porosa. Ambas contribuyen a la insatisfacción intelectual que juega un papel motor en la elaboración de nuevas propuestas. Para bien o para mal. Algunas guías puede que conduzcan a callejones sin salida. Y algunas frustraciones son capaces de generar ilusiones.

Fernando Pessoa hablaba de un estado de intranquilidad, que puede ser inhibidor o fecundo, pero que siempre se perfila como una exigencia asumida que desafía el peso de lo adquirido en el pasado. La satisfacción es necesariamente *relativa* a una expectativa. Participa tanto en la creación de un mundo como en el descubrimiento de una realidad que –sin duda injustificadamente– se supone dada, inmutable y accesible.

No tiene sentido desarrollar una taxonomía sistemática de los tipos de anomalías. Unas tienen que ver con incoherencias internas, otras con inadecuación a las medidas, otras con fenómenos simplemente imprevistos aunque no rigurosamente imposibles. La «gravedad» de una anomalía es en gran medida subjetiva y está ligada tanto a las creencias del investigador que la estudia como a las relaciones de fuerza sociológicas entre las comunidades que la descartan o deciden ignorarla.

8. Agujeros negros

La idea de que pueden existir en el universo objetos capaces de atrapar la luz es muy antigua. Después de todo, siendo finita la velocidad de propagación de esta última, no es de extrañar que un cuerpo con una gravedad suficientemente intensa pueda impedir que los fotones escapen. Esta posibilidad fue entrevista ya en el siglo XVIII. Sin embargo, el estatus de los agujeros negros solo cambió radicalmente en el siglo XX, pasando del de hipotéticos astros al de objetos celestes comunes y bien comprendidos.

Como era de esperar

La revolución fue primero teórica. La relatividad general, establecida en 1915 por Albert Einstein, arrojó nueva luz sobre la naturaleza del espaciotiempo. Muestra que este ya no es un marco fijo y absoluto sino que es maleable y dinámico. Reacciona a la presencia de los cuerpos. La relatividad general describe los agujeros negros de forma rigurosa y coherente. Son objetos que no dejan de sorprender y que pueden parecer paradójicos, pero la mayoría de sus propiedades están controladas por la teoría. Lo que es incontestable es que los agujeros negros desafían el sentido común.

Por ejemplo, porque la bóveda celeste que observaría un astronauta situado cerca de uno de ellos sería completamente diferente de la que vería un astrónomo lejos de allí. Cada estrella aparecería un número infinito de veces, en una extraña serie de imágenes fantasma.

Por ejemplo, porque la velocidad de un objeto en caída libre hacia un agujero negro, medida por un observador local, sería extremadamente grande al pasar por la superficie (u horizonte) del agujero, mientras que el mismo fenómeno, visto desde una nave lejana, se presentaría como una ralentización inexorable del objeto hasta congelarse, sin llegar a penetrar en el oscuro astro.

Por ejemplo, porque los agujeros negros son verdaderas máquinas de viajar en el tiempo. Un astronauta que permaneciera unos segundos muy cerca del horizonte se vería impulsado millones o miles de millones de años hacia el futuro al regresar al espacio circundante.

Por ejemplo, porque dentro del agujero negro, en la zona de la que es imposible salir, el tiempo se transforma en espacio y el espacio se transforma en tiempo.

Todo ello propiedades, entre muchas otras, que pueden sorprender o asombrar, pero que no plantean ningún problema fundamental y que son perfectamente compatibles con la física conocida.

A nivel observacional, los indicios a favor de la presencia real y efectiva de agujeros negros en el universo se han ido multiplicando poco a poco. Indicios antes ligeros se han convertido casi en pruebas de su existencia. Ya sean los chorros que emiten en su vecindad, los discos que los rodean o las órbitas específicas de las estrellas, todo concuerda para demostrar que efectivamente se encuentran en nuestro entorno. Hasta el muy gracioso efecto de «sombra» puesto en evidencia recientemente por el Event Horizon Telescope, que combina las señales recogidas por muchas antenas de radio. Solo en nuestra galaxia, los agujeros se cuentan sin duda por centenas de millones.

Y sin embargo...

Que un fenómeno sea extraño a la intuición no lo convierte en científicamente sospechoso. La mecánica cuántica es extraordinariamente «extraña» y, sin embargo, sigue siendo uno de los cimientos de la ciencia moderna. Etimológicamente, «paradójico» significa «contrario a la *doxa*», es decir, a la opinión. Que un pensamiento sea paradójico no lo descalifica en modo alguno.

A grandes rasgos, esta forma de plantear las cosas es correcta. La anomalía aparece, no cuando se atenta contra el sentido común, sino cuando se rompe la consistencia interna del paradigma. O cuando se atenta contra un «metaprincipio». Por supuesto, las situaciones reales son más complejas. Cuando se trata de investigación, de física en trance de desarrollo, la teoría considerada nunca está perfectamente circunscrita. Hay latitud, a veces considerable, en la forma de refinarla e interpretarla. Su definición, aunque sea rigurosa, siempre omite ciertos aspectos que pueden completarse o modificarse a placer. Además, el dominio de aplicabilidad nunca se conoce de manera definitiva.

La «anormalía» es la «contraley» difusa que conspira con la antirregla por venir.

Información faltante

El problema más espinoso que plantean los agujeros negros es quizás el de la información faltante. En las ciencias naturales, la información nunca puede desaparecer. Es un teorema importante de la física cuántica. El principio es también intuitivamente razonable: si bien todo el mundo está de acuerdo en que, en la práctica, es imposible encontrar la forma inicial exacta de un castillo de naipes derrumbado, el hecho es que, en principio, es posible recuperarla a partir del conocimiento de las leyes de la física y la observación del estado final. *Stricto sensu*, no se ha perdido ninguna información. Incluso las cenizas de un libro quemado deberían en teoría permitir reconstruir el texto.

Sin embargo, si ese mismo libro se arrojara a un agujero negro, la información se perdería para el universo exterior, ya que nada puede escapar del astro colapsado. Hasta ahí, no hay ningún problema: el texto es efectivamente inaccesible, pero no está destruido. Está simplemente en otro lugar, fuera de alcance.

Pero esta misma física cuántica va a conducir a una extraña situación. Stephen Hawking demostró que en realidad los agujeros negros pequeños se evaporan. Emiten partículas igual que un cuerpo caliente. Este comportamiento, que parece contradecir la definición misma de agujero negro, proviene de lo que se llama el «efecto túnel»: un fenómeno prohibido por la física clásica pero autorizado en el mundo cuántico. Los agujeros negros masivos, resultantes del final de la vida de las estrellas, son insensibles a este proceso. Pero los hipotéticos agujeros negros microscópicos podrían estar fuertemente sometidos a él.

La radiación emitida por este «efecto Hawking» parece no contener ninguna información. Es como neutra y vacía de significado. Se hace muy intensa cuando el agujero negro alcanza un tamaño diminuto. Definitivamente, estos objetos no hacen nada como los demás: cuanto más irradian..., ¡más se calientan! Cuando el agujero negro se evapora por completo, el contenido del libro lanzado antes del proceso a su interior parece haber sido destruido definitivamente. Y eso es precisamente lo que está prohibido. Se trata de una cuestión abierta muy importante, a menudo llamada la «paradoja de la información», aunque, literalmente hablando, es un poco más que una paradoja: es, de hecho, una incoherencia.

Actualmente existen muchas pistas para resolver el enigma. Todas, o casi todas, violan en alguna parte las leyes de la física conocida. La necesidad de que una teoría de los agujeros negros «más allá del modelo estándar» –especialmente una teoría de la gravedad cuántica– arroje nueva luz sobre esta cuestión es una guía valiosa para la invención de nuevas descripciones.

En rigor, la formación de un agujero negro es una transformación –casi cabría llamarla una «transustanciación»– de materia en geometría. En cambio, durante la evaporación es la curvatura la que se transforma en materia. No cabe duda de que los agujeros negros son por tanto una clave para comprender las íntimas relaciones que existen entre magnitudes físicas aparentemente inconexas y sin embargo inexorablemente ligadas.

Esta situación da paso a otro cuestionamiento profundo. Es posible, incluso probable, que los agujeros negros pequeños, sometidos a una intensa evaporación, no existan en el mundo real. De hecho, no pueden ser producidos por el colapso de estrellas y su formación descansa en supuestos altamente especulativos. Sin embargo, el mero hecho de que *puedan* existir es suficiente, en opinión de los físicos, para legitimar su estudio y desacreditar cualquier modelo que no explique satisfactoriamente su comportamiento. Así pues, la física debe ser capaz de describir lo que sería de derecho, y no solo lo que sucede de hecho. Pero, ¿hasta dónde puede llevarse esta exigencia? ¿Hasta qué punto funciona la lógica de los «experimentos mentales», basados en objetos o situaciones razonables pero imaginarios?

Sin duda, los experimentos límite permiten la aparición de un pensamiento límite cuyo alcance es muy difícil de prever. Pero también pueden constituir ese paso de más que exige de una teoría más de lo que esta puede ofrecer.

Entropía máxima

En la física de los agujeros negros hay otra anomalía que está relacionada con la anterior: el problema de la entropía. La entropía es una medida del «desorden» de un sistema. Es una magnitud esencial que reviste la característica fundamental de no poder sino aumentar durante una transformación. Como se explica en el segundo capítulo de este libro, ello solo traduce en última instancia el hecho de que una configuración desordenada es más probable que una configuración ordenada.

Consideremos una bola de materia. Imaginemos que un cascarón de luz que contiene una gran cantidad de energía se abate sobre esta bola y la transforma en un agujero negro del mismo tamaño. Este «experimento mental» es coherente: en principio, siempre es posible llevarlo a cabo. Durante la transformación, la entropía necesariamente aumenta, por el segundo principio de la termodinámica. La entropía del agujero negro es por tanto mayor que la de la distribución de materia inicial que tenía el mismo tamaño. Siendo esto cierto cualquiera que sea la naturaleza de esa materia, ya que no nos ha sido necesario especificarla, es fácil concluir que, para un tamaño dado, nada puede tener una entropía mayor que un agujero negro. Este importante resultado es perfectamente correcto y bastante vertiginoso.

El problema es que los agujeros negros son objetos extremadamente simples. Sin duda los más simples del universo. En los casos relevantes para la astrofísica, quedan completamente descritos por dos números: su masa y su velocidad de rotación. Por el contrario, para expresar con precisión el estado de una estrella, pongamos por caso, sería necesario conocer la posición y la velocidad de los billones de núcleos que la componen.

Pero entonces, si los agujeros negros están tan «desnudos», ¿cómo podrían ser al mismo tiempo los objetos más entrópicos, es decir, los más desordenados y por lo tanto los más complejos que existen? La entropía mide el número de estados microscópicos para un estado macroscópico dado. Pero parece que los agujeros negros son tan elementales que solo tienen un microestado (o casi) asociado a una configuración global determinada. Su enorme entropía constituye por tanto una terrible anomalía, no carente de relación con la anterior.

Gracias a otros experimentos mentales, más sutiles, es posible calcular exactamente el valor de la entropía de los agujeros negros. Es gigantesca y proporcional al área de su superficie. Un solo agujero negro muy masivo tiene una entropía mayor que todo el resto del universo visible junto (excluyendo, claro está, los demás agujeros negros).

Las teorías de la gravedad cuántica intentan explicar esta colosal extrañeza. Uno de los modelos más convincentes, entre otros, consiste en relacionar el desorden de los agujeros negros con su horizonte. Este no sería de hecho la superficie lisa de una esfera perfecta, sino más bien un conjunto de pequeñas «plaquetas» elementales que, vistas de lejos, darían la impresión de algo simple. Mirando más de cerca, aparecería un inmenso conjunto de diminutas superficies cuánticas que, de manera figurada, podrían orientarse en un gran número de formas diferentes. De ahí el desorden...

Lograr encontrar, a partir de una descripción microscópica detallada, la entropía de los agujeros negros es un desafío de suma importancia. La teoría de cuerdas lo logra, pero solo para ciertos tipos de agujeros negros. Su competidor directo, la gravedad cuántica de bucles, también lo consigue, pero solo fijando arbitrariamente uno de los parámetros libres. ¿Quién se alza con la victoria?

Masas anormales

Hoy día se comprende bien la manera en que una estrella masiva termina su vida en la forma de un agujero negro. Por consiguiente, la existencia de agujeros negros de masa equivalente a algunas masas solares entra completamente dentro de lo esperado. No ocurre lo mismo con los agujeros negros supermasivos, de millones a miles de millones de veces la masa del Sol, que parecen habitar en el corazón de las galaxias. Es un agujero negro de este tipo el que fue «fotografiado» recientemente combinando las medidas de varios radiotelescopios. Cómo se pudo producir la prodigiosa concentración de materia necesaria para formar este objeto, con un momento angular relativamente pequeño y en un volumen tan reducido, sigue siendo una cuestión abierta. En el límite de la anomalía.

Aún más sorprendente es sin duda el otro gran avance observacional que se produjo recientemente en la física de los agujeros negros: la detección de las ondas gravitacionales. Estas pequeñas arrugas del espacio, que se propagan a la velocidad de la luz, se producen abundantemente durante el encuentro de dos agujeros negros. El fenómeno es singularmente difícil de medir: para un detector de algunos kilómetros, el desplazamiento que hay que registrar es menor que el tamaño de un núcleo atómico. Después de décadas de investigación infructuosa, estas ondas fueron finalmente observadas por los instrumentos LIGO (en los Estados Unidos) y Virgo (en Europa), abriendo así una nueva ventana al universo. Ahora podemos ver el mundo con «ojos de geómetras», ya que se trata efectivamente de ínfimas deformaciones geométricas.

Por espectacular que sea esta observación en tanto que nueva confirmación de la relatividad general, son sus consecuencias astrofísicas las que son de lo más notable. En efecto, el tipo de evento detectado no fue lo que se esperaba. Se trataba de la fusión de dos agujeros negros, cada uno de ellos con una masa igual a varias decenas de veces la del Sol. Posteriormente se detectaron otras coalescencias similares. No se esperaba en absoluto que semejantes agujeros negros existieran en abundancia. Hasta el punto de que se especula sobre su posible origen primordial y su eventual contribución a la materia oscura. Es decir, no serían el resultado de la implosión de estrellas, sino que se habrían formado inmediatamente después del Big Bang, cuando el universo era extraordinariamente denso. Las observaciones subsiguientes, que dejaron entrever la existencia de un agujero negro de aproximadamente 85 veces la masa del Sol, no hicieron más que reforzar el enigma. En efecto, la estrella que haría falta para formar semejante agujero negro tendría que ser tan masiva que generaría un fenómeno catastrófico llamado «inestabilidad de pares». Este induciría una explosión tan violenta que en realidad el agujero negro ni siquiera llegaría a formarse… Curiosamente, la detección de las ondas gravitacionales revela anomalías astronómicas sorprendentes, al tiempo que confirma el paradigma de la teoría de Einstein.

Los agujeros negros parecen ser netamente más numerosos de lo que se suponía. Tienen también masas anómalas, al menos con arreglo a los modelos astrofísicos estándar. Quizá, en última instancia, la extrañeza más profunda de los agujeros negros resida en su improbable banalidad: se han convertido, contra todo pronóstico, en objetos ordinarios del bestiario del astrofísico, mucho más numerosos y diversificados de lo que se esperaba. Evidencia asombrosa. La comprensión de esta situación podría pasar por un profundo cuestionamiento de nuestro entendimiento acerca de la dinámica estelar y galáctica.

9. Antimateria

La existencia de antimateria no plantea, en sí misma, ningún problema. Es más bien su aparición, aquí y allá, en cantidades a veces demasiado pequeñas, a veces demasiado grandes, lo que constituye una auténtica anomalía.

Desde los años 1930

La antimateria no es una elucubración esotérica salida de la imaginación desenfrenada de algunos teóricos contemporáneos ávidos de ciencia ficción. Su existencia fue predicha por Paul Dirac en 1928 y confirmada experimentalmente por Carl Anderson en 1932. Por otro lado, su nombre es sin duda equivocado: la antimateria es materia. Simplemente tiene una carga eléctrica de signo opuesto. El protón tiene carga positiva, el antiprotón tiene carga negativa. El electrón tiene carga negativa, el antielectrón (también llamado positrón) tiene carga positiva. Para cada partícula hay una anti-partícula asociada.

La ecuación fundamental de la mecánica cuántica, establecida por Erwin Schrödinger en 1925, no tenía en cuenta los fundamentos de la relatividad especial de Einstein. Sorprendentemente, fue al construir una nueva ecuación, compatible con los dos pilares de la física del siglo XX, como Dirac encontró los indicios matemáticos de la existencia de la antimateria. Contrariamente a una creencia común, la relatividad no se refiere solo a los objetos que se mueven a grandes velocidades: las antipartículas, que constituyen una predicción y una consecuencia de la relatividad, pueden muy bien estar en reposo.

Quizás la característica más espectacular de la antimateria sea la aniquilación que se produce cuando se encuentra en presencia de materia. El término «aniquilación» es impropio, ya que en realidad la reacción, explosiva, no conduce a una pura y simple desaparición de los cuerpos presentes sino más bien a una redistribución, con conservación de la energía. Sí es cierto que los constituyentes iniciales, por ejemplo el protón y el antiprotón, desaparecen: se convierten en un gran estallido de luz y pequeñas partículas muy rápidas.

Las propiedades de la antimateria son bien conocidas. Como era de esperar, son similares a las de la materia. En el CERN, en Ginebra, se producen desde 1995 átomos de antihidrógeno, compuestos por un antiprotón y un anti-electrón. Su comportamiento físico resulta ser idéntico en todos los detalles –dentro de la precisión de las medidas– al de sus homólogos constituidos de materia. Hasta ahí, todo va bien.

Un mundo de luz

Pero si la materia y la antimateria tienen un comportamiento simétrico y se produjeron, como es de esperar, en cantidades iguales durante el Big Bang, el universo debería presentar un rostro muy diferente de aquel al que estamos acostumbrados. Efectivamente, cada partícula debería haber terminado por encontrarse con su antipartícula asociada, y todo o casi todo el contenido material del cosmos tendría que haberse aniquilado en los primeros instantes. En este sentido, nuestra existencia es en sí misma una anomalía.

Las leyes de la física tal como las entendemos predicen un mundo compuesto casi exclusivamente de luz. La aniquilación de la materia original con su *alter ego*, la antimateria, debería haber conducido en esencia a un gran baño de radiación. La considerable cantidad de estrellas, gas, polvo, plasma, planetas, etc. que está presente en el espacio no se compadece con las predicciones elementales. No deberíamos estar aquí: las partículas de las que estamos compuestos deberían haber desaparecido al encontrarse con sus antipartículas asociadas en el universo primigenio.

La ciencia es clara: si el modelo estándar de la física es correcto, la naturaleza debería ser esencialmente pobre. Tan luminosa y seductora como pueda parecer la imagen de un cielo de pura luz, probablemente excluiría cualquier forma de complejidad. Finalmente daría como resultado una realidad monótona y homogénea. ¿Cómo hemos escapado a esa triste situación?

Violación de CP

En 1967, el físico soviético Andrei Sájarov expuso tres condiciones que debían cumplirse para explicar la asimetría del universo, es decir, el dominio manifiesto de la materia sobre la antimateria. Una de ellas está relacionada con la expansión del espacio y no plantea ningún problema en particular. Las otras dos son más profundas y extrañas. En primer lugar, se trata de producir más materia que antimateria. Aunque este requisito es bastante obvio para explicar la asimetría observada, su realización es problemática en la física de partículas. El «número cuántico» asociado a la correspondencia entre partículas y antipartículas parece, hasta el día de hoy, conservarse exactamente. Si este fuera el caso, sería imposible inducir espontáneamente un exceso de materia (o de antimateria). Por tanto, es necesario recurrir a una hipotética «nueva física» para explicar la patente victoria de la materia en nuestro entorno. Una vez más, la anomalía sirve de señal para mirar más allá.

La tercera condición es, sin duda, aún más delicada. En efecto, incluso si la materia se produjera en mayor abundancia que la antimateria, seguiría siendo necesario asegurarse de que la reacción opuesta no neutralizara el efecto. Técnicamente, esto se traduce en lo que se denomina una violación de C, la conjugación de carga, y una violación de CP. La simetría CP, que hay por tanto que desactivar, estipula que las leyes de la física deben ser idénticas para una partícula y para su antipartícula observada en un espejo. La equivalencia entre las dos situaciones –por ejemplo, un protón y la imagen especular de un antiprotón– se ha considerado durante mucho tiempo como inevitablemente correcta: satisfacía todas las intuiciones elementales del imaginario teórico.

Pero en 1980 se demostró experimentalmente que una de las cuatro interacciones fundamentales de la física, la fuerza nuclear débil, violaba esta simetría CP. En retrospectiva, el fenómeno no es profundamente chocante: bien vistas las cosas, el modelo estándar de las partículas elementales autoriza, aunque de manera un poco oculta, este proceso.

Y la materia fue

El problema profundo, la verdadera anomalía, proviene en realidad de que la violación de CP (la no equivalencia de una partícula y la antipartícula observada en el espejo), tal como resulta de las medidas, es demasiado débil para explicar un universo donde la materia reina indiscutida. Peor aún: la fuerza débil no debería ser la única que violase CP. Naturalmente, sería de esperar que la llamada fuerza «fuerte», la responsable de la cohesión de los núcleos, se comportase de la misma manera. Pero eso no se observa. Finalmente, la «violación de simetría» resulta realmente inquietante... ¡por su insuficiencia! Nos gustaría que fuera más intensa y más general. De hecho, es su ausencia en el sector de la interacción «fuerte» lo que llevó a postular la existencia de nuevas partículas, los axiones, que, al dar cuenta de este estado de cosas, también podrían explicar la materia oscura. A veces, las anomalías se resuelven simultáneamente y las piezas del rompecabezas se juntan de una sola vez. Pero la idea sigue siendo por ahora muy especulativa.

En ausencia de una violación de CP suficiente y de una producción de materia superior a la de antimateria, queda la posibilidad de que el cosmos sea realmente simétrico. Efectivamente, la Luna está hecha de materia: Neil Armstrong no quedó aniquilado al pisarla. Más allá de eso, tenemos excelentes razones para creer que nuestra galaxia está (casi) completamente compuesta de materia. Pero podría ser que las galaxias lejanas fueran en realidad, la mitad de ellas, antigalaxias, con sus antiestrellas, sus antiplanetas y sus antiastrofísicos. El universo se dividiría entonces en vastos dominios de materia y vastos dominios de antimateria.

Eso resolvería fácilmente el problema. En esta visión ya no habría necesidad de explicar la asimetría del cosmos, ya que de hecho sería simétrico. Las galaxias lejanas se observan gracias a la luz que emiten. Pero las antiestrellas emitirían una luz exactamente idéntica: la luz es de algún modo lo mismo que la antiluz. Por tanto, es legítimo pensar que en realidad estamos viendo, sin saberlo, antimundos lejanos.

Bajo su aparente simplicidad, esta solución plantea, sin embargo, otro problema: en las zonas de «contacto» entre las regiones de materia y las regiones de antimateria deberían tener lugar grandes aniquilaciones, seguidas de un intenso flujo de rayos gamma, lo cual no se observa. Esto habla en contra de esta posibilidad, sin excluirla totalmente...

Así pues, la existencia de antimateria, tal como se observa por ejemplo en nuestros colisionadores de partículas, no es, en sí misma, aporética en lo más mínimo. Su presencia es previsible y está explicada. Por el contrario, su ausencia en cantidades apreciables en el universo plantea serios problemas teóricos. Es una vieja anomalía que sigue en pie. Muchos físicos se han habituado, injustificadamente, a ella. Pero nuestra mera presencia prueba, por así decirlo, la necesidad de una física «más allá del modelo estándar».

Al haber sobrevivido a una aniquilación que parecía inevitable, la materia desafía una cierta ortodoxia científica: el universo de las partículas elementales es inevitablemente más complejo de lo previsto.

Algunos positrones de más

Es cierto que alrededor de nosotros hay poca antimateria. Pero aquí y allá se detectan algunas antipartículas dispersas. Cuando los rayos cósmicos chocan con algo, ya sean planetas, nubes de gas interestelar o cualquier otro medio, se producen reacciones nucleares. Estas reacciones generan de manera muy natural un poco de antimateria, que efectivamente se puede detectar, conforme a lo esperado. El propio cuerpo humano emite también cantidades ínfimas de antimateria durante la desintegración de algunos núcleos radiactivos que existen en él.

Sin embargo, desde hace más de 10 años, diferentes experimentos vienen midiendo un exceso de positrones. La presencia de estos antielectrones no es chocante. Pero hay demasiados. A altas energías, la proporción de positrones supera claramente las predicciones teóricas y constituye una anomalía lancinante (sin llegar obviamente a cantidades compatibles con un universo simétrico). El problema no es la existencia de estas entidades, sino la naturaleza de la fuente que las engendra con tanta abundancia.

La hipótesis más simple es a menudo la mejor. Por eso se pensó que los culpables de esta extrañeza eran los púlsares cercanos. Estas estrellas de neutrones, extraordinariamente densas, giran a gran velocidad sobre sí mismas y producen un haz de radiación que barre el espacio circundante como la luz de un faro. Los fenómenos electromagnéticos extremos originados allí pueden explicar una intensa producción de positrones.

Pero cálculos precisos muestran que es muy difícil explicar así los detalles de la señal observada. Se puede entonces especular acerca de un origen más exótico. Por ejemplo, podría ser que partículas de materia oscura se aniquilasen y generasen estos positrones. Son muchas las hipótesis que se barajan. No se trata solo de encontrar una explicación que funcione, que sea matemáticamente coherente. Es necesario además que la explicación convenza por sus ramificaciones, su fundamento y su elegancia.

La historia muestra que rara vez es necesario postular una renovación radical de las leyes o la existencia de entidades revolucionarias. La humildad es, en general, una buena guía. La diversidad de fenómenos que es posible generar dentro de un marco dado *siempre* se subestima. El mundo sorprende por su pluralidad, incluso cuando los reguladores que lo describen son simples y rigurosos. Es muy probable que el enigma de los positrones se resuelva con una comprensión más fina de lo ya conocido o con el descubrimiento de astros aún insospechados pero que no contravienen ninguna ley fundamental. Sería entonces un «fenómeno nuevo», pero no literalmente una «nueva física».

10. Lo normal y lo no demasiado lógico

La extrañeza de un hecho, de un modelo, de una situación, de una proposición guarda a menudo relación con una expectativa o está sometida a una inercia. El sentido de la anomalía no puede revelarse sino cuando se llega a comprenderla, o al menos a escrutarla, dentro de una red de significación que la sobrepasa ampliamente.

Canguilhem...

En su famoso ensayo de 1943 titulado *Lo normal y lo patológico*, el médico y filósofo George Canguilhem ofrece una distinción esencial entre lo anómalo y lo anormal. Muestra que la constatación de una «diferencia», en sentido descriptivo, es algo muy distinto de la enunciación de un juicio despreciativo, en sentido normativo. Llama anormal a lo que se desvía del comportamiento medio, sin connotación negativa. Por el contrario, lo anómalo sería una excepcionalidad que entraña un verdadero disfuncionamiento orgánico.

El punto esencial es que Canguilhem considera que lo patológico siempre debe evaluarse a la luz del sentimiento y de los criterios del paciente. Es patológico lo que es considerado como tal por el enfermo, lo que resulta dañino o deletéreo desde el punto de vista de sus expectativas y sus intenciones, y no lo que se caracteriza por la extrañeza cuantificable de un indicador biológico u orgánico.

Lo mórbido, por tanto, no debería asociarse a una diferencia mensurable con respecto a una regularidad esencialmente estadística o a una perfección fantaseada, sino con respecto a una sensación individual que integra la historia y las especificidades del sujeto de que se trate.

... y la física

La problemática de Canguilhem parece ajena a la de la física teórica. El contexto es muy diferente. En las ciencias naturales, la extrañeza se define en términos rigurosos –lo que se denomina un «nivel de confianza»– y está libre de la arbitrariedad inherente a la conciencia del paciente. Esta simple contraposición resulta ser sin embargo errónea, y un profundo paralelismo entre la visión del médico y el funcionamiento efectivo del tratamiento de la anomalía en física se impone como potencialmente fecundo.

Si bien es útil distinguir –siendo también esta dicotomía a menudo aproximativa– entre medidas empíricas y teorías, la propuesta de Canguilhem podría ser pertinente para aprehender una clasificación de lo extraño tanto desde el lado experimental como desde el lado formal.

Desde el punto de vista de las medidas experimentales, anormal sería el dato que se sale de lo esperado, habida cuenta de las leyes conocidas y de las probabilidades aplicables en cada caso. Por ejemplo, sacar un seis doble al lanzar los dados es un pequeño golpe de suerte, pero no plantea ningún problema importante. Sacar un seis doble diez veces seguidas constituye una serie anormal. Parece estar actuando algo imprevisto. Pero es probable que el fenómeno sea anodino y que pueda explicarse por la simple presencia de un juego de dados cargados. Las consecuencias para nuestra comprensión del mundo son esencialmente nulas.

El mismo resultado, repetido bajo control científico y con material no trucado, sería anómalo.

Sería patológica la medida que quebrase el sentido mismo de aquello que la hace posible. El dado, en suma, que no mostrase ninguna cifra.

Desde el punto de vista de las teorías, lo anormal se situaría en el nivel de una elaboración intelectual que se sustrae a los cánones de su tiempo. Un paso a un lado. En este sentido, las revoluciones son, por su propia naturaleza, anormales. La mecánica cuántica o la relatividad constituyen arquetipos de anormalidades cuando se consideran desde el entorno en el que surgieron. Pero, a diferencia del caso clínico, la anormalidad puede entrañar la redefinición de una normalidad teorética. Sin que eso sea necesariamente el caso: ciertos campos de estudio siguen siendo singularidades «no asimiladas». Este es sin duda el caso, por ejemplo, de la cosmología, cuyo protocolo científico no tiene equivalente.

Lo anómalo aparecería cuando un modelo deja de funcionar. Cuando las medidas discordantes lo sitúan en un nivel de tensión que no permite ya albergar la esperanza de salvar la propuesta. La evolución de las observaciones disponibles y de la comprensión matemática convierte la teoría en inadecuada y la relega al rango de proposición anormal.

Lo patológico tomaría la forma de la inconsistencia interna. Cuando, desde su propio punto de vista, la teoría ya no funciona. Sobre la gravitación, por ejemplo, se habían formulado ideas interesantes, pero resultaron ser patológicas debido a las inestabilidades internas –ocultas a primera vista– que no permitían hacer una propuesta consistente.

Esta exportación de los comentarios de Canguilhem al dominio de la astrofísica no es pertinente para proponer una visión sistemática de las extrañezas en las ciencias exactas.

¿Y para qué? Nuestra época sucumbe ya bajo el peso de los sistemas y clasificaciones. Está obsesionada con las ordenaciones artificiales. Ahora bien, dichos comentarios permiten subrayar las diferentes modalidades de desviación posibles. Conduce sobre todo a recordar la pertinencia de la evaluación de una propuesta en relación con sus propias expectativas. A menudo es inepto y a veces violento criticar un pensamiento subrayando sus contradicciones desde el punto de vista de una lógica que no es la suya. Es una problemática que sobrepasa, con mucho, el ámbito de la medicina y la física.

Las expectativas

Es delicado comparar paradigmas, sistemas del mundo. Esto es lo que mostró Kuhn en el campo científico, como mencionamos anteriormente. Esta inconmensurabilidad constatada no tiene nada que ver con una postura de resignación intelectual conducente a una abdicación en relación con cualquier forma de jerarquización. Más bien subraya que la jerarquía es siempre y necesariamente relativa a una *expectativa*.

La visión resultante, una vez desarrollada y generalizada, podría definirse como un «relativismo comprometido». Curiosamente, el concepto de relativismo tiene connotaciones muy peyorativas en el debate público contemporáneo. Solo se hace referencia a él de manera desdeñosa para dar a entender una forma de nihilismo. Como si el relativismo significara: «algunos piensan que la Tierra es redonda, otros piensan que es plana, que cada cual crea lo que quiera». Tal posición sería naturalmente una insensatez y no es defendida por *ninguna* corriente del relativismo filosófico. Al contrario, este último supone en realidad una exigencia de rigor suplementario.

En una acepción relativista, conviene no solo trabajar las propuestas sino también los marcos que permiten producirlas y evaluarlas. Se trata de hacer que entre en el juego intelectual el «metanivel» que muchas veces se omite o se considera como algo dado e intangible, cuando la historia no es más que una sucesión de cuestionamientos –a veces drásticos– de sus modalidades y morfologías. El relativismo consiste en integrar en la contrastación del pensamiento científico la dinámica que lo estructura. Para decirlo de manera muy simple: intentar evaluar la ciencia moderna con los criterios de Copérnico llevaría a considerarla una impostura, y no es sensato ignorar esta evidencia.

Para ser más precisos, no es posible comparar o jerarquizar los grandes esquemas de pensamiento científico sino en relación con criterios cuya universalidad y pertinencia siempre requieren cautela. Cada época, cada cultura, cada comunidad hace hincapié en coherencias que a otros pueden parecer secundarias o desacertadas. Si hay intersubjetividad fuerte, solo puede ser en el seno de un edificio contingente. Elaborado en función de las creencias y presupuestos de lo que Michel Foucault llamaba una *episteme*.

El filósofo Jacques Derrida rastreó incansablemente, con humildad y finura, estos procesos de divergencia paradigmática en los campos literario y poético. En la inquieta confluencia de líneas de creación con orígenes inconexos y métodos disímiles. Las anomalías de todo tipo juegan ahí el papel de aperturas o de estremecimientos iniciales. Tal análisis, en sutileza deconstructiva, está en gran medida por realizar en el campo científico, que sigue siendo muy cauteloso frente a lo que erróneamente considera una caja de Pandora. Sin embargo, es solo una cuestión de precisión y profundidad.

Las modalidades

Lo que, deportada fuera de su campo, la propuesta de Canguilhem puede por tanto llevar a pensar hábilmente es precisamente el papel de la descontextualización. ¿Un pensamiento debe descalificarse porque resulte patológico desde el punto de vista de una organicidad que le es heterogénea, desde el punto de vista de un cuerpo extraño?

Se trata de una interrogación pertinente en el seno de la ciencia –que es lo que nos ocupa en este pequeño libro–, pero es quizás aún más importante cuando se aplica a otros campos disciplinarios. Eso es lo que ocurre, por ejemplo, cuando se aplica el prisma científico como clave de interpretación pretendidamente neutra o insuperable a cualquier forma de elaboración intelectual o espiritual. Su universalidad no es algo que se pueda dar por supuesto y la incompatibilidad de un discurso sobre el mundo con las leyes de la física no lo invalida necesariamente. Muy al contrario, las modalidades discursivas son sin duda casi ilimitadas, y explorarlas, aunque suponga deshacer camino, es más cuestión de rigor que de laxismo.

Esta es típicamente la clase de problemática que surge cuando, en la línea del «asunto Sokal»[1], los científicos denigran ciertas corrientes filosóficas porque no se ajustan a sus criterios de pertinencia. Pero ¿y qué? La metafísica no tiene por qué someterse precisamente a las exigencias de la física... Solo está sujeta a las suyas propias, que no son menos severas.

No se trata de negar a las ciencias duras su extraordinario poder de aprehensión de la realidad. Solo es cuestión de ofrecerles el derecho a no ser la única versión pertinente. Nuestras formas de explorar el mundo siempre son también formas de *hacer mundos*, en el lenguaje, una vez más, de Nelson Goodman. Estos últimos son intraducibles unos en otros. Sus respectivas lógicas –que en algunos casos pueden ser verdaderas contralógicas reivindicadas, aborrecedoras de sistemas y estructuras– no tienen por qué someterse a las reglas de una ciencia que, por notable que sea, sigue siendo una construcción entre otras.

1. Engaño que pretendía desacreditar la filosofía postestructuralista francesa con la publicación de un artículo sin sentido caricaturizando sus supuestos excesos. En realidad, el asunto solo mostró los defectos del sistema de revisión por pares, por otro lado bien conocidos.

El genial físico Carlo Rovelli escribió que «no hay emoción comparable a la de vislumbrar una ley matemática detrás del desorden de las apariencias»[2]. Es verdad. Excepto, quizás, la de vislumbrar la infinidad sublime del desorden de las apariencias *a pesar de* las leyes matemáticas. Que bien podrían también formar parte de las sombras danzantes observadas en la pared de la caverna...

2. No contento con haber inventado una teoría de la gravedad cuántica convincente y con haber contribuido sustancialmente a la relatividad general, Carlo Rovelli ha formulado recientemente reflexiones extraordinariamente profundas sobre la interpretación de la mecánica cuántica, la comprensión del tiempo y el papel de los «agentes» en la física. Recomiendo sin reservas la lectura de sus artículos de investigación, así como de sus obras de divulgación.

11. Un problema de velocidad

Aunque el descubrimiento de la recesión de las galaxias y su explicación por la relatividad general es uno de los grandes éxitos de la cosmología del siglo XX, las cosas distan mucho de estar claras en este terreno. Nuevas observaciones sugieren más bien que el edificio es incoherente o, al menos, que está incompleto.

La constante de Hubble

El descubrimiento de la expansión del universo –es decir, la dilatación del espacio– es sin duda el avance cosmológico más notable del siglo pasado. Cada galaxia se aleja de las demás con una velocidad que es tanto mayor cuanto mayor es la distancia, igual que ocurriría con una serie de puntos dibujados en una goma elástica estirada luego por ambos extremos. La determinación de la velocidad de expansión del universo, denominada «constante de Hubble», ha dado lugar a intensas controversias y a notables proyectos experimentales. Después de variar mucho en el transcurso del tiempo, el valor medido de la constante de Hubble acabó convergiendo hacia una cifra de consenso, obtenida por el satélite Planck a partir de la radiación fósil. Casi todos los parámetros cosmológicos quedaron así fijados con gran precisión.

La historia parecía haber terminado. Pero las medidas físicas solo tienen sentido cuando se interpretan a la luz de su incertidumbre. Conducir a 100 km/h con una incertidumbre de 1 km/h no significa lo mismo que conducir a 100 km/h con una incertidumbre de 50 km/h. En el segundo caso, la velocidad real podría ser, por ejemplo, de 141 km/h, lo que supondría una infracción grave, mientras que eso sería extraordinariamente improbable con la precisión del primer caso. Pues bien, resulta que las incertidumbres en las medidas de la constante de Hubble han disminuido considerablemente en los últimos años. Gracias a este nuevo nivel de precisión, la diferencia entre los resultados basados en la observación del universo primitivo –obtenidos por el satélite Planck– y los obtenidos a partir del universo actual –las medidas astrofísicas más tradicionales– se ha tornado significativa. Se trata de una «tensión» en el modelo cosmológico. Una irritante incompatibilidad entre las conclusiones que emanan de estos dos enfoques.

Si los dos métodos midiesen estrictamente la misma cosa, su diferencia solo podría provenir de un error en un experimento o en su interpretación. Y esta es de hecho la conclusión más razonable en esta situación. Es posible que se nos escape algo superficial y que alguna de las dos medidas sea errónea o tenga errores mayores de lo previsto. Pero, en realidad, los dos métodos no son estrictamente equivalentes, porque no observan el universo en la misma etapa de su evolución. Por lo tanto, puede ser que los dos sean correctos y que la discrepancia provenga de un problema más fundamental dentro del paradigma cosmológico.

Lambda-CDM

Una medida nunca es una simple medida. Es imposible realizar un experimento o una observación sin un marco formal que le dé sentido. Si, por ejemplo, la trayectoria de un móvil puede estudiarse en función del rozamiento ejercido por la superficie sobre la que se desplaza, es porque ya existe el corpus teórico que permite pensar en la existencia misma de una superficie, de un objeto identificable y distinto de ella, de una velocidad –y por tanto de una distancia y de un tiempo–, de una fuerza, de una dinámica, etc. Pero desde el punto de vista cuántico, por ejemplo, algunos de estos conceptos ni siquiera tienen sentido y recurrir a ellos resulta imposible. Toda medida depende de un modelo que permita comprenderla. Tranquilizante o preocupante: lo cierto es que las evidencias son solo evidencias en el seno de una elaboración semántica y semiótica que permite identificarlas, nombrarlas, singularizarlas, analizarlas.

Además, esto significa asimismo que si bien la distinción entre experiencia y teoría es a menudo pertinente en primera aproximación, nunca es del todo rigurosa, debido a su indefectible intrincamiento mutuo. Por eso, pensar que las interpretaciones evolucionan mientras que los hechos permanecen iguales solo es correcto en los casos simples y triviales. Tan pronto como se consideran situaciones complejas, la disyunción se derrumba y los hechos se indexan necesariamente a una visión susceptible de ser deconstruida. El hecho aparentemente indiscutible de que «las cosas caen hacia abajo» perdió todo sentido una vez que se entendió que no es posible definir la verticalidad absoluta en el universo. Como ya comprendió Anaximandro, las cosas caen «hacia la Tierra», y eso lo cambia todo. Pero, en un nivel aún más profundo, es importante tener presente que las mismas ideas de «cosas», «caída» y «sentido» a las que recurre este enunciado aparentemente indiscutible también dependen inevitablemente de toda una organización o disposición cultural.

Cuando se piensa hoy día en la evolución del universo, el modelo utilizado (conocido como Lambda-CDM) se basa en la presencia de una constante cosmológica y de materia oscura fría. Funciona muy correctamente para explicar la mayor parte de lo que sabemos, o creemos saber, sobre la dinámica cósmica. Cuando se consideran diferentes medidas de la constante de Hubble, se recurre necesariamente, de manera explícita o implícita, a un modelo de tipo Lambda-CDM, porque constituye el marco que da significado al concepto mismo de la constante de Hubble[1]. Si, por ejemplo, el universo fuera fuertemente grumoso (y no se ajustara por lo tanto al modelo), ni siquiera sería posible hablar de la constante de Hubble. El desacuerdo entre las observaciones podría así revelar de hecho la insignificancia

---

1. Estrictamente hablando, basta un espacio homogéneo e isótropo para definir la constante de Hubble.

de aquello que se mide e indicar un fallo del propio sistema marco.

En la situación actual se consideran varias hipótesis. Es posible que la interacción de las partículas de materia oscura con la materia habitual sea más intensa de lo esperado. Esto tendría un impacto en la constante de Hubble. También es posible que exista una nueva clase de partículas elementales extremadamente rápidas. Finalmente, es legítimo pensar en otra fase de aceleración acaecida antes en la evolución cósmica. Y eso por no hablar de ideas aún más radicales y revolucionarias.

El punto nodal puesto de manifiesto aquí es que las anomalías más importantes pueden aparecer de forma bastante inesperada. En sí mismo, el valor de la constante de Hubble no tiene gran importancia. Cada una de las dos medidas rivales sería perfectamente viable. Es en la diferencia entre las dos –junto con la probabilidad estimada de que sea un simple efecto de la «casualidad», de menos de uno entre 100 000– donde reside la extrañeza. Una nueva lección de humildad: la exploración paciente y sistemática del cosmos parece conducir con mayor seguridad a grandes avances intelectuales que los programas estruendosos y ultracompetitivos financiados a bombo y platillo bajo la etiqueta de «ciencia de excelencia» por las tutelas institucionales...

¿El fin de los dinosaurios?

Se ha demostrado que un cambio en la magnitud de la constante de Newton –la misma que gobierna la intensidad de la gravitación– de alrededor del 10% hace unas decenas de millones de años podría resolver la «tensión de Hubble»[2]. Como bonus adicional, esta hipótesis también permite solventar algunas otras rarezas del paradigma Lambda-CDM, en particular las relacionadas con la formación de las grandes estructuras. Algunos indicios de una transición abrupta como esa han sido detectados no solo en la clasificación masa-velocidad de las galaxias (la llamada relación de Tully-Fisher), sino también en los datos utilizados para el calibrado de las supernovas que muestran la aceleración de la expansión.

De manera bastante sorprendente, también se calculó que una transición brusca como esa en el valor de la constante de Newton habría multiplicado por un factor de 3 el número de cometas de período largo que impactan en el sistema solar. Lo cual concuerda con las observaciones del número de cráteres lunares y terrestres, que indican una tasa al menos dos veces superior a la «normal» en los últimos 100 millones de años.

Naturalmente, es legítimo plantearse entonces una posible relación con el impacto de Chicxulub que provocó, hace 66 millones de años, la desaparición de los dinosaurios y del 75% de las especies vivas, marcando la transición Cretácico-Terciario. La compatibilidad es, cuando menos, llamativa.

La situación es por tanto interesante: la hipótesis de un aumento brutal de alrededor del 10% en la constante de Newton parece explicar muchos fenómenos aparentemente inconexos. De ahí que merezca que se la tome en serio. ¿Podemos por tanto concluir que es un hecho establecido?

---

2. Es decir, la diferencia entre los dos valores medidos para la constante de Hubble.

Ni mucho menos. No existe ninguna explicación teórica seria que justifique el salto brusco de una constante cuya propiedad fundamental debería ser ante todo... ¡la constancia! La acumulación de indicios no constituye una prueba. Pero es un caso a seguir.

Sistema de referencia cosmológico

Es sabido que la física no depende del sistema en que se la describa. La elección del «sistema de referencia» es una cuestión de conveniencia y practicidad, pero no reviste ningún significado profundo. La Tierra, por ejemplo, está en reposo en un sistema solidario con ella, se mueve a 100 000 km/h en el sistema de referencia solar y se desplaza a casi un millón de km/h en el sistema de referencia galáctico. Todas estas descripciones son verdaderas, intercambiables y obviamente describen el mismo mundo. No existe ningún sistema de referencia intrínsecamente privilegiado.

En otro sentido, sin embargo, sí hay un marco de referencia específico singularizado por el universo. En efecto, la radiación fósil muestra que el cosmos es esencialmente isótropo: tiene la misma temperatura independientemente de la dirección en la que se examine. Pero, evidentemente, esto no puede ser cierto para todos los observadores en movimiento: desde el momento en que hay un desplazamiento, las ondas electromagnéticas parecen más rojas si uno se aleja de la fuente (*redshift*, desplazamiento al rojo) o más azules si uno se acerca a ella (*blueshift*, desplazamiento al azul). Es una simple consecuencia del efecto Doppler, el mismo que hace que una sirena de bomberos suene más aguda cuando el camión se acerca y más grave cuando se aleja. Por lo tanto, el universo no puede tener el mismo aspecto para dos astrónomos que se muevan uno con respecto al otro. No hay nada de paradójico en eso. Por consiguiente, es legítimo hablar de «el» sistema de referencia cosmológico. Es el único –salvo rotaciones– en el que el aspecto del cielo es idéntico en todas las direcciones. No es privilegiado desde el punto de vista de las leyes: el universo se puede describir igual de correctamente con cualquier otro sistema de referencia. Pero es privilegiado desde el punto de vista de los fenómenos: es allí donde el universo está «en caída libre», sin movimiento propio. De la misma manera, el centro del Sol es obviamente un punto particular para describir... el Sol y los planetas que giran alrededor de él. Eso no significa que este lugar sea intrínsecamente específico.

Por tanto, contrariamente a las apariencias, la existencia de un sistema de referencia cosmológico no es en absoluto una anomalía. Lo que, por el contrario, resulta sorprendente en este asunto es que la velocidad del sistema solar con respecto a este sistema de referencia no parece ser en absoluto la misma según que se estime utilizando la radiación fósil o utilizando objetos distantes como las radiogalaxias o las supernovas. Eso es lo que llama la atención. Podría ser una señal de la existencia de anisotropías –es decir, de una dirección privilegiada– o de inhomogeneidades en el universo. En ambos casos, sería también un cuestionamiento fundamental del modelo estándar de la cosmología. Nadie puede hoy prever el alcance de estas extrañas medidas empíricas.

Y ello tanto más cuanto que el modelo Lambda-CDM tampoco funciona muy bien para describir las escalas pe-

queñas –es decir, las distancias moderadas– en el universo.
¿Se trata de una simple tensión o de los temblores de una
nueva crisis?

Principio de Mach

No es del todo exacto dar a entender que las nociones de
inercia y movimiento no plantean ningún problema más allá
de la diferencia de velocidad observada en la evaluación de
nuestro movimiento con respecto al sistema de referencia
cosmológico.

Imaginemos un astronauta enfundado en un traje flexible,
absolutamente solo en medio de un espacio infinito, completamente carente de cualquier otra forma de materia. Si
el pobre hombre comenzara a girar alrededor del eje de su
cuerpo, la física nos dice que la fuerza centrífuga (es una
forma de hablar) haría que se le separaran los brazos del
cuerpo, para formar enseguida –en ausencia de resistencia–
una especie de cruz. ¿Pero es eso absolutamente cierto? Y
si es así, ¿por qué? Si no hubiera ninguna estrella distante
con respecto a la cual observar o sentir la rotación, ¿podría
realmente haber un efecto físico de esta última?

¿Con relación a qué giraría el desafortunado y solitario
astronauta? El filósofo y físico Ernst Mach planteó la hipótesis de que la definición del sistema de referencia inercial
local –aquel en el que un cuerpo en reposo permanece en
reposo en ausencia de fuerzas, aquel con relación al cual se
puede definir una rotación o una aceleración– es inducida
por todos los demás cuerpos presentes en el universo. No
tendría sentido para un objeto que estuviese «solo en el

mundo». Vendría dictado o especificado, según una ley física aún incomprendida, por el conjunto de las masas del cosmos.

Esta idea, a la vez natural y extraña, jugó un papel importante en el desarrollo de la relatividad general. Mach pretende relativizar *todo* movimiento y no solo los movimientos rectilíneos uniformes, como se aprende en secundaria. Para él, la inercia, es decir, la propensión de los cuerpos a seguir haciendo lo que están haciendo, debe entenderse como una especie de interacción. Si un movimiento de peonza tiene un efecto mensurable sobre el cuerpo sometido a él (y ese es el caso), ello solo puede deberse a la existencia de un sistema de referencia particular impuesto por la distribución de las estrellas y galaxias lejanas.

El principio de Mach admite múltiples formulaciones, a veces muy poco equivalentes. Las versiones más simples son sin duda insostenibles hoy día. Pero se trata, no tanto de una teoría claramente enunciada y falsable, sino más bien de una especie de intuición difusa. Sorprendentemente, más de un siglo después de la emergencia de este debate (que incluso podría remontarse a Newton) y a pesar del advenimiento de la relatividad general, la «inercia» sigue siendo un concepto muy misterioso y aún no del todo dilucidado.

Sin espacio absoluto y sin recurrir al efecto de otros cuerpos, definir el sistema de referencia –o para ser más precisos, la clase de sistemas de referencia– en el que se produce una rotación o una aceleración parece difícil. Sin embargo, una y otra están vinculadas a consecuencias muy reales: un choque brutal no es más que una gran aceleración (negativa) y sus efectos pueden ser deletéreos. Este elemento incomprendido no constituye estrictamente hablando una anomalía. Pero parece como si aquí se escondiese un elemento constitutivo esencial y probablemente fructífero de la física. El filósofo Arthur Danto definió el arte como una transfiguración de lo banal: es un gesto importante que siempre se articula con o se adosa a una aguda conciencia del misterio incidentalmente disimulado en lo usual.

12. Big Bang

El término *Big Bang* lo utilizó originalmente el astrónomo británico Fred Hoyle en tono sarcástico para burlarse de un modelo que le parecía absurdo. Sin embargo, esta extraña idea, la del Big Bang, se convirtió gradualmente en la visión cosmológica dominante. Lo cual no quiere decir que el edificio esté lejos de poder prescindir de apuntalamientos.

Una historia bien conocida

La historia del universo se conoce sorprendentemente bien. La magia de esta inteligibilidad del cosmos se debe sin duda a la belleza de las ecuaciones de Einstein: si se conoce el contenido del espacio, es posible deducir su comportamiento a partir de la geometría. Porque este es precisamente el gran descubrimiento de la relatividad general: el espacio ya no es un continente fijo e inmutable, sino que se convierte en una estructura dinámica. Las galaxias se alejan sin moverse, es la trama espacial de la que son prisioneras la que se estira con el tiempo. El espacio, en cierto sentido, se mueve. Se expande, arrastrando consigo la materia y la luz que se encuentran en él.

Cuando el objeto de estudio es el universo, es posible simplificar considerablemente la forma de las ecuaciones de Einstein, que generalmente son de una complejidad endiablada. El universo, observado en volúmenes suficientemente grandes, es esencialmente idéntico en todos los lugares y en todas las direcciones. Esta elegante simetría cósmica, que ya mencionamos anteriormente, permite utilizar una descripción notablemente sencilla: la ecuación de Friedmann, que relaciona directamente la velocidad de expansión del universo con la naturaleza de su contenido.

El juego es entonces sutil: la composición del universo dicta su dinámica, pero esta, a su vez, puede influir en la evolución del contenido. El conjunto es notablemente coherente y permite exponer la historia del mundo con una precisión formidable.

Es muy probable que en sus primeros instantes el cosmos estuviese dominado por una entidad bastante misteriosa llamada «campo escalar». Sin duda algo parecido al famoso «campo de Higgs» descubierto recientemente en el CERN. Esta extraña materia, difusa, tiene la extraordinaria virtud de conducir a un crecimiento inmoderado, exponencial, para ser más precisos, del tamaño del universo[1]. Es la fase

---

1. Lo que aumenta son de hecho las distancias que separan, por ejemplo, las galaxias, con independencia del «tamaño» e incluso de la finitud del propio universo.

de inflación, que permite resolver muchas paradojas y explicar la formación de las grandes estructuras.

Algunas trillonésimas de segundo más tarde, el campo causante de la inflación acaba por desintegrarse y llena el espacio de radiación. Este nuevo contenido lleva por tanto asociada una evolución distinta: el universo «ralentiza» brutalmente su expansión pero sigue dilatándose. Este proceso continúa durante varios cientos de miles de años, durante los cuales las distancias cósmicas crecen con relativa lentitud: cada vez que el tiempo se multiplica por 100, las longitudes se multiplican por 10.

Durante este período, la importancia de la radiación disminuye continuamente en favor de la materia corriente: partículas, núcleos, átomos... Cuando esta última empieza a dominar, la expansión cosmológica cambia de nuevo de régimen y ve cómo su velocidad vuelve a aumentar ligeramente: cuando el tiempo aumenta en un factor de 100, las longitudes se multiplican ahora por 20.

Después, la época contemporánea conduce nuevamente a un cambio de dinámica. La misteriosa constante cosmológica –o la energía oscura que juega ese papel– toma las riendas y el cosmos entra en un nuevo régimen de crecimiento exponencial. Todo se embala. Extrapolado a un futuro lejano, el comportamiento actual sugiere que en 60 mil millones de años el cielo será triste: todas las demás galaxias habrán sido expulsadas fuera de nuestro horizonte y se habrán vuelto invisibles para los observadores de la Vía Láctea.

Así pues, la gran historia la comprendemos aparentemente bien. Serenamente aprehendida. Casi «bajo control».

Singularidad

Sin embargo, eso sería olvidar algunas anomalías importantes. Las famosas materia y energía oscuras, ya mencionadas, constituyen notables espinas en el paradigma cosmológico. Igual que la ausencia de antimateria. Pero no son las únicas. Una dificultad esencial tiene que ver con la cuestión del origen, en el sentido más literal del término. ¿Qué nos dice este modelo cuando lo extrapolamos al pasado más remoto? ¿Qué nos dice sobre el comienzo?

Sorprendentemente, la respuesta a esta pregunta es bastante clara. Lo que no quiere decir que sea correcta... Las ecuaciones que describen la evolución del universo se pueden llevar hasta el último límite. Retroceder en el tiempo no plantea ningún problema siempre que se trate de matemáticas. Y la respuesta en este caso es meridiana: el origen es «singular». La palabra «singular» no debe entenderse aquí en el sentido de «único». Se refiere más bien al comportamiento inaceptable de una función. Designa la aparición de un infinito.

Tales singularidades no son infrecuentes en física. Pero nunca son reales. En realidad representan los límites de nuestras teorías. Por ejemplo, la fuerza eléctrica entre dos cargas se vuelve infinita cuando la distancia entre ellas es nula. Este «infinito», que constituye una singularidad, no tiene sentido. Literalmente no puede existir. Pero no es preocupante, porque la distancia *nunca* es cero. La mecánica cuántica lo prohíbe y garantiza la fiabilidad y legitimidad del modelo: no es realmente singular. Nunca se alcanza el régimen en el que aparecería la divergencia. En este sentido, las singularidades indican no tanto un estado patológico de la realidad como un límite inherente a nuestras formas de describirla. Cuando una teoría predice una singularidad, suele ser porque ya no funciona. Es el grito de alarma que exige encontrar una nueva descripción.

Nuestra mejor teoría de la gravitación –o del espaciotiempo, ya que las dos son equivalentes– es la relatividad general. Resuelve muchos de los problemas e incoherencias que aparecían en la vieja teoría de Newton. Explica la expansión del universo y la naturaleza profunda de los agujeros negros y ha sido probada con una precisión inaudita. Funciona maravillosamente bien e impresiona por su precisión así como por lo potente de su belleza.

Pero esta misma relatividad general predice explícitamente que el origen de nuestro universo fue singular. En otras palabras, conduce, cuando se utiliza en las proximidades del Big Bang, a valores infinitos para las magnitudes físicas relevantes. Nuestras ecuaciones más fiables dejan de ser predictivas.

Existen entonces dos posibilidades. Quizás, teniendo en cuenta la fiabilidad de la relatividad, haya que tomar en serio esta singularidad. Quizás deberíamos ver en ella, por una vez, una propiedad intrínseca de la naturaleza. El mundo habría entonces nacido en el infinito o del infinito. El Big Bang marcaría *stricto sensu* la aparición del tiempo y el espacio. Preguntarse sobre el antes del Big Bang sería un error lógico. No porque no hubiese nada. No porque ignoremos lo que había allí. Sino porque el antes del Big Bang *no existiría*. Buscar lo que sucedió allí sería como querer explorar el norte del Polo Norte: tal región simplemente no existe. La eclosión del cosmos sería como pensar en una transición disruptiva del «no ser» al «ser» que escapa a toda descripción en términos de un evento espaciotemporalmente situado.

La otra posibilidad es suponer que esta singularidad representa más bien el derrumbamiento de la relatividad. Para hacer desaparecer la patología, para «regularizarla», para suavizar la descripción, necesitaríamos disponer de una teoría mejor. Por ejemplo, de una teoría que incluya también los efectos cuánticos. Es muy probable que desaparecieran entonces los infinitos, y sin duda se podría vislumbrar un «antes» del Big Bang. Como un espacio en contracción que precedería a la actual expansión, como predicen ciertas teorías de la gravedad cuántica... También es posible que el universo haya pasado por una especie de fase de «gestación» inmemorial, como sugieren algunas versiones de la teoría de cuerdas. En torno a estas cuestiones se despliega un inmenso campo de investigación en un intento de dibujar el rostro del «más allá del Big Bang». No existe ninguna descripción que cuente con un consenso general, pero, poco a poco, empiezan a acumularse ideas para tratar de detectar indicios mensurables de ese más allá radical, de ese mundo anterior al mundo. Es posible que unas ínfimas trazas en la radiación fósil constituyan los primeros elementos tangibles a favor de esta hipótesis. Esta es una de las muchas motivaciones que están llevando al diseño de futuros experimentos.

La singularidad primordial es incuestionablemente una anomalía. Cualquiera que sea su significado profundo, pone de relieve la existencia de algo importante que no comprendemos. Un fracaso del pensamiento, de la materia o del espacio. O tal vez de la materia-espacio-pensamiento. El modelo del Big Bang, es decir, la expansión del universo tal como lo predice la relatividad general, funciona perfectamente, excepto, precisamente, en el momento del Big Bang. Cosa que no nos puede dejar satisfechos. El instante inicial, si es que existió, queda literalmente fuera de alcance. Anomalía original y de principio.

La fisura sirve, también en este caso, de guía. Si esta singularidad es solo el reflejo de la incompletitud de nuestros modelos, su resolución se convierte en condición necesaria, o al menos en expectativa urgente, para cualquier elaboración teórica que pretenda sustituir el paradigma vigente. El reto es considerable, sin duda una de las cuestiones más difíciles de toda la física teórica. Superarlo tendría también un impacto sobre la física de los agujeros negros, cuya estructura interna hace presagiar la existencia de una singularidad parecida. Comprender el significado fisicomatemático profundo de estas aparentes patologías conduciría sin duda a una visión renovada de los objetos más misteriosos del universo. También abriría una puerta oculta a un mundo «completamente diferente».

Entropía

Hay una cuestión no resuelta que quizás sea aún más fundamental e incluso más importante, aunque mucho menos célebre: la de la entropía cosmológica. La entropía es una medida del desorden. La segunda ley de la termodinámica, posiblemente la más notable de toda la ciencia, muestra que la entropía no puede sino aumentar. El desorden aumenta, conforme al hecho de que el caos representa una configuración mucho más probable que el orden.

Si esta ley es tan central es porque es la única que distingue el pasado del futuro. Es la única que muestra en física una auténtica *irreversibilidad*. Y esta es una propiedad absolutamente esencial: todas nuestras existencias son tributarias de esa irreversibilidad. Envejecemos. Recordamos el pasado, no el futuro. Heredamos el conocimiento de nuestros antepasados, no de nuestros descendientes. Nos enriquecemos o empobrecemos con las experiencias vividas, no con los encuentros futuros. Y más allá de los seres vivos, la gran mayoría de los procesos importantes de nuestro mundo son irreversibles: el Sol quema su combustible y terminará por morir, los agujeros negros se fusionan pero nunca se disocian, las galaxias se forman pero no se diluyen... Casi todo lo que es significativo distingue claramente entre pasado y futuro. Por lo tanto, todo depende del aumento de la entropía, que es la única que puede explicar esta orientación del tiempo.

Sin embargo, para que la entropía aumente, es fundamental que no haya alcanzado ya su valor máximo. Este último podría corresponder intuitivamente a un estado difuso de desorden total en el que no ocurriría ya nada significativo. Para que, desde hace casi 14 mil millones de años, la entropía del universo no cese de aumentar –y esto es precisamente lo que permite todos los procesos complejos, empezando por nuestra existencia y nuestro pensamiento–, su valor inicial tuvo que ser por tanto extraordinariamente pequeño. Es necesario que el universo naciera en un estado de ínfima entropía para que se haya producido la larga historia irreversible de la que somos testigos y productos[2].

---

2. El ejemplo de los humanos se ha elegido porque apela necesariamente a nuestro imaginario, pero en el argumento no hay ninguna dimensión

Aquí radica la monstruosa anomalía. La excelente razón que explica el aumento de la entropía y por tanto de la «flecha del tiempo» se basa en un cálculo estadístico: los sistemas evolucionan hacia el estado más probable. Y esto es obvia y efectivamente lo que siempre se observa. Pero, en rigor, el mismo argumento debería permitir predecir que el universo emergió en el estado más probable, es decir, de máxima entropía. Constatar que la aparición del cosmos se produjo, por el contrario, en una configuración inmensamente improbable desde el punto de vista estadístico (y afortunadamente para nosotros, porque, si no, no estaríamos aquí) contradice la lógica misma que permite, posteriormente, explicar su evolución en términos de trayectorias favorecidas.

Un gas coloreado puede encontrarse encerrado en una botella y no estar difundido por la habitación. Es un estado de baja entropía. No hay nada de contradictorio en ello, porque ese estado lo preparó un agente externo. No se produjo espontáneamente. Una máquina –produciendo una cantidad enorme de entropía en la operación– comprimió el gas dentro del recipiente. Si, por el contrario, dejamos que el gas elija «él solo» su configuración inicial (con la botella abierta), sería infinitamente extraño que se alojara milagrosamente dentro de ella. Ahora bien, el estado inicial del universo no es el resultado de una acción previa, es literalmente inicial. Entonces ¿por qué es un estado muy ordenado (de muy baja entropía)?

La aporía es considerable. No se trata de un simple problema técnico relativamente benigno. Es un inmenso hiato

antropocéntrica ni teleológica: los humanos no desempeñan en él ningún papel como tales.

en nuestra comprensión de la historia. Toda la orientación temporal de la que deriva la sucesión de eventos cósmicos (incluso a pequeña escala) descansa en esta ínfima entropía inicial que está en contradicción con la expectativa probabilística natural. Es un poco como si tuviéramos que aceptar que, sin ninguna razón en particular, 500 000 letras elegidas perfectamente al azar del alfabeto hace más de dos milenios formaron exactamente el texto de la *Ilíada* de Homero, configurando así una gran parte de nuestra cultura. De manera completamente fortuita. Sería altamente extraño e incluso absolutamente increíble.

Frente a esta paradoja se perfilan tres principales escapatorias. La primera es pensar que estamos calculando mal la entropía, que si tuviésemos correctamente en cuenta la gravitación cambiaría drásticamente el panorama. Pero eso no quita para que, de un modo u otro, la entropía tenga que haber aumentado, siendo necesario explicar lo extraño de su valor inicial.

La segunda, más vertiginosa, consiste en suponer que el Big Bang corresponde a una «fluctuación estadística». No debe olvidarse que las leyes de la termodinámica se refieren a comportamientos medios en el equilibrio. Pero puede ocurrir que un sistema físico se aparte del equilibrio. La termodinámica nos enseña que el gas coloreado contenido en una botella recién descorchada se va a difundir rápidamente por la habitación hasta alcanzar el equilibrio, el estado de máxima entropía en el que el gas está distribuido uniformemente. Después no ocurre ya nada especial. Es una buena descripción, acorde con nuestras observaciones. Sin embargo, si se pudiera esperar un tiempo absolutamente inmenso, debería ser posible presenciar una «fluctuación» que devolviera el gas a la botella. Por casualidad. Es algo muy improbable, pero no imposible. En principio, si el tiempo de observación es ilimitado, esa eventualidad debe acabar por producirse.

Es la misma lógica que llevaría a imaginar que, partiendo de un estado de alta entropía –por lo tanto, un estado probable–, la totalidad del universo podría haber sufrido una asombrosa fluctuación estadística que lo colocó en la configuración increíblemente desfavorecida que observamos en el pasado. Es una visión muy reñida con la intuición, pero no incoherente si se dispone de una cantidad de tiempo considerable. Salvo el detalle de que una fluctuación menos improbable que la que generó el Big Bang también podría haber producido el mundo tal como lo observamos a nuestro alrededor, y en particular nuestra existencia, lo que desacredita la hipótesis: un observador cualquiera debería eventualmente poder contemplar un planeta hospitalario pero no un universo entero tan inesperado. Es mucho pedir... Queda la posibilidad de que frente a esta anomalía entrópica se perfile una eventualidad vertiginosa: quizás el cosmos esté sometido a una especie de ciclicidad. Largos periodos de máxima o casi máxima entropía durante los cuales esencialmente no ocurre nada –en cierto sentido, el tiempo mismo ya no existe verdaderamente allí– salpicados de extraordinarias fluctuaciones que, gracias a su estado de baja entropía, permiten la aparición de procesos de evolución y de causalidad a largo plazo.

La tercera posibilidad es sin duda la más audaz e innovadora. Su autor es de nuevo Carlo Rovelli. Lo que propone Rovelli es que en realidad la noción de entropía es perspectivista. En otras palabras, veríamos que la entropía inicial del universo era pequeña porque, en tanto que seres vivos que necesitan una fuerte orientación temporal para existir, no podría ser de otra manera. Pero la entropía inicial no sería intrínsecamente pequeña, sería un efecto del punto de vista.

Consideremos un ejemplo sencillo. Una caja llena de canicas, todas ellas idénticas salvo en el color. Inicialmente, todas las canicas rojas están colocadas a la izquierda y todas las canicas verdes a la derecha. Si se sacude la caja, las canicas se distribuyen uniformemente: el desorden ha aumentado, y la entropía también. Todo ocurre como estaba previsto. Pero si el experimento lo lleva a cabo un observador daltónico que solo puede discernir la posición de las canicas pero no su color, ¿qué pasa? Naturalmente, en ese caso la entropía permanecerá constante durante el experimento: el estado inicial y el estado final tienen un grado de desorden comparable. ¿Cuál es la conclusión correcta? ¿Ha aumentado la entropía en la operación? ¡Las dos visiones son correctas! La entropía depende de cómo se midan las características del sistema.

La baja entropía inicial del universo sería entonces un reflejo de lo que somos y de cuáles son las variables físicas relevantes para nosotros. Esta idea abre posibilidades inimaginables. Si resulta ser correcta, lo que está lejos de ser obvio, podría incluso ser una definición notable de la vida: los seres vivos serían aquellos que, a través de sus modos de interacción con el entorno, verían una entropía fuertemente creciente. Y por tanto una flecha del tiempo. Y estarían por consiguiente dotados de una memoria, de una herencia, de una genealogía...

Fuera de campo

Esta cuestión de la entropía cósmica ha planteado muchas paradojas que siguen siendo pertinentes en el plano de los experimentos mentales. El más notable de ellos es el de los «cerebros de Boltzmann». Como se mencionó anteriormente, es posible que el estado del cosmos resulte de una simple fluctuación que condujo a un estado de baja entropía. Tal proceso se llama «recurrencia de Poincaré». Pero siguiendo esta misma –y muy aceptable– lógica, deberíamos ser meros «cerebros de Boltzmann», es decir, hipotéticos cerebros que flotarían en el espacio, capaces de pensar un instante, pero sin historia y sin cuerpo, resultantes también ellos de simples fluctuaciones. La imagen parece absurda. Pero si llevamos el razonamiento anterior a su paroxismo, es extraordinariamente más probable formar un cerebro flotante de este tipo que formar nuestro universo en su estado inicial de entropía despreciable. Nadie sabe realmente por qué no somos cerebros de Boltzmann...

Roger Penrose, gran físico y matemático, considera que la cuestión de la baja entropía inicial –y por tanto de la flecha del tiempo– está ciertamente ligada a la de las singularidades. Conjetura Penrose que en la vecindad de estas últimas debe de tener lugar un nuevo comportamiento que induzca necesariamente una especie de «alisado» de la geometría.

Las anomalías cósmicas ponen naturalmente en cuestión el modelo consensual que describe la dinámica del universo. Pero, tal vez de manera menos predecible, también abren la puerta a cuestionamientos potencialmente fructíferos, incluso revolucionarios, mucho más allá del campo cosmológico. Como mínimo, plantean cuestiones que van más allá del marco del que emergen. La resolución de las singularidades no es solo un simple problema matemático asociado a la regularización de una función penosamente divergente. Levantaría el telón que da a «otro lado» de la singularidad que se ha desvanecido. Quizás el espacio se desdoble: un mundo en contracción antes de lo que llamamos (impropiamente) el Big Bang, o un agujero negro rebotando en un agujero blanco en lugar de lo que se identificó como una isla desconectada del resto del universo.

13. Teoría de cuerdas

La idea de las cuerdas es en su origen bastante simple. Pero sus consecuencias han sido inmensas. Casi desmesuradas. Más que una teoría, se ha convertido en una especie de «movimiento» de contornos elásticos.

Una historia de anomalía

La teoría de cuerdas es antigua y no es fácil atribuirle una fecha de nacimiento clara y perfectamente localizada. Es razonable considerar que nació hace unos cincuenta años. La idea básica era reemplazar las partículas puntuales por pequeñas cuerdas cuánticas en vibración. Aunque esta mutación en cuanto a las entidades fundamentales pueda parecer trivial, sus efectos son impresionantes.

Las diferentes partículas conocidas se interpretan entonces como diferentes modos de vibración de las cuerdas cuánticas. Enseguida se vio que entre las excitaciones de las cuerdas (llamadas bosónicas, es decir, que se comportan «como fuerzas») hay una partícula que presenta exactamente las características del mediador esperado para la gravitación: ¡el gravitón! He aquí una propiedad de lo más notable: mientras que reconciliar la gravedad con la física cuántica parecía algo inalcanzable desde el descubrimiento de la relatividad general por Einstein, las cuerdas, sin siquiera haber sido imaginadas para ese propósito, brindan una solución elegante (al menos parcial) al exhibir el tan deseado gravitón.

Pero fue un poco más tarde cuando la comunidad de físicos teóricos realmente comenzó a tomar en serio la teoría de cuerdas. Para ello fue preciso que la teoría permitiese escapar, mediante el ingenioso mecanismo denominado de Green-Schwartz, a una anomalía. El término anomalía debe entenderse aquí en un sentido técnico, específico de este contexto.

En el marco «formal» de la física matemática, se llama «anomalía» a la pérdida de una simetría como consecuencia de cuantizar una teoría. ¿De qué se trata concretamente? Es frecuente que una teoría clásica exhiba una invariancia que recibe el nombre de simetría. Por ejemplo, la descripción clásica de una estructura puede ser insensible a una rotación. Pero es posible que, al cuantizar el modelo, esta propiedad desaparezca, dando lugar a una anomalía. En particular, la relatividad general no depende de la elección de las coordenadas utilizadas. Por fortuna, porque las coordenadas son prerrogativa de la arbitrariedad del físico, pero la física misma no debería depender de ellas. Hay que llegar a las mismas conclusiones independientemente de la elección (en esencia contingente) de la manera de describir las cosas.

En el caso que nos interesa aquí, sucede que la invariancia por cambio de coordenadas parece desaparecer con la introducción de la mecánica cuántica en la descripción de las cuerdas. Se trata de una anomalía muy problemática; su resolución se consideró un éxito extraordinario que condujo a lo que la historia recordará como la primera revolución de las supercuerdas, aunque el precio a pagar –adaptarse a un espacio de 9 dimensiones– no fuese precisamente despreciable...

Aparte de este hubo otros avances notables, en particular el descubrimiento de la «teoría M» en la década de 1990, que permitió unificar diferentes versiones de las cuerdas mediante la introducción de una nueva dimensión adicional. El edificio en su conjunto es a la vez una delicia de refinamiento matemático y un enigma epistémico en cuanto a su verdadero significado físico. No deja de ser notable que la adhesión de muchos de los más eminentes teóricos de altas energías a la idea de las cuerdas esté relacionada con la resolución de una anomalía.

El paisaje y la ciénaga

La última revolución que estructuró la teoría de cuerdas es sin duda el descubrimiento de lo que se denomina el paisaje. La teoría posee una evidente voluntad unificadora. Pretende describir todas las partículas y fuerzas conocidas como diferentes «notas» producidas por las oscilaciones fundamentales de las cuerdas. Se trata, en efecto, de subsumir bajo un concepto singular una gran diversidad de fenómenos e interacciones. Pero no es menos cierto que se introduce al mismo tiempo en la construcción una especie de metamultiplicidad.

El vacío, en la teoría cuántica de campos, no significa solo la ausencia de aire o de polvo. Designa el estado fundamental, es decir, la configuración teórica de energía mínima. Pero pueden existir «falsos vacíos», es decir, mínimos locales que no son estrictamente estables pero que pueden serlo desde un punto de vista aproximativo. Imaginemos un paisaje de dunas: el verdadero vacío correspondería al valle de altitud más baja, aquella que minimiza la energía potencial de la gravedad, mientras que los falsos vacíos corresponderían a todos los lugares de mayor altitud pero en los cuales una pelota quedaría en reposo. Pues bien, resulta que la teoría de cuerdas comporta un número extraordinariamente grande de falsos vacíos. A las energías que nos son habituales, cada uno de estos falsos vacíos lleva asociadas leyes físicas diferentes. Paradójicamente, la teoría de cuerdas conduce así finalmente a una vertiginosa diversidad de teorías efectivas, lo que se llama el «paisaje».

Esta multitud es precisamente lo que enriquecía el *multiverso* descrito en los primeros capítulos: si existen diferentes mundos y la teoría de cuerdas es correcta, esta podría llenarlos o estructurarlos con diferentes leyes. Lo que se perfila aquí es un nuevo estrato de diversidad. Puede que sea un desvarío metodológico. Puede que sea una revolución en nuestra forma de aprehender el universo.

Recientemente ha aparecido sin embargo una nueva sorpresa: la ciénaga. Diversos indicios concordantes sugieren que gran parte del paisaje de leyes solo es compatible con la teoría de cuerdas en apariencia. Aunque en él se encuentran modelos que parecen potencialmente correctos, un análisis más detenido de su comportamiento, teniendo en cuenta la gravitación a altas energías, pone de manifiesto incoherencias. Esta zona de peligro recibe el nombre de «ciénaga»: teorías que, en sentido estricto, no forman parte del paisaje, aunque a primera vista parezca que sí. El suelo puede ceder bajo los pies del caminante imprudente. Sabiendo que se trata de un extraño paseo por un espacio de teorías...

La ciénaga aún no está rigurosamente circunscrita. Descansa en una maraña de conjeturas e intuiciones, mezcladas con algunos teoremas rigurosos. Pero los criterios que la definen parecen ir aclarándose poco a poco. La ciénaga sirve de valiosa guía en el desarrollo de teorías a bajas energías. Si se comprueba que una teoría aparentemente aceptable se halla en realidad en la ciénaga, eso significa que necesariamente creará problemas cuando se la lleve al terreno de las altas energías: por lo tanto, debe abandonarse o modificarse profundamente. Siempre y cuando, por supuesto, el paradigma de las cuerdas que subyace a estas ideas sea correcto, lo que está lejos de ser seguro. Y a la inversa: si se demostrara que la teoría correcta para describir la evolución actual del universo está en la ciénaga, ello podría, al menos en principio, poner a la teoría de cuerdas en dificultades.

Anomalía constitutiva

Tal vez la anomalía más fundamental en este contexto radique en realidad en la *redefinición* que hace la teoría de cuerdas de lo que constituye una anomalía. Nada ha ocurrido como estaba previsto. En un sentido informal, la teoría de cuerdas podría considerarse como el arquetipo de una teoría *ya* refutada. Una teoría falsada en el sentido de Popper.

La teoría de cuerdas predice en efecto un espacio de 9 (o 10) dimensiones, mientras que nuestro mundo solo tiene 3. También predice una constante cosmológica negativa, cuando la que hemos medido es positiva. Finalmente, predice la existencia de una nueva simetría fundamental que claramente no existe en la naturaleza, así como efectos potencialmente mensurables en la radiación cosmológica fósil que no han podido detectar los mejores observatorios. Diríase entonces que la teoría de cuerdas es simplemente falsa. Un caso de libro de texto, de un modelo que conduce a predicciones claramente refutadas por la experiencia.

Sin embargo, sigue siendo muy estudiada y constituye la teoría «insignia» sobre la que se llevan a cabo investigaciones de vanguardia en las principales universidades del mundo. ¿Por qué? Está claro que es posible encontrar una explicación trivial: frente a los problemas mencionados se han elaborado soluciones, trucos, escapatorias. Pero, en un sentido más profundo, quizás sea el concepto mismo de anomalía lo que implícitamente se ha redefinido. Con una pizca de provocación, cabría suponer que para algunos físicos teóricos, si el mundo no concuerda con la teoría de cuerdas, entonces es el mundo el que debe considerarse una anomalía.

Dejando a un lado la *boutade*, la idea va ganando terreno. Lo «normal», en la teoría de cuerdas, no se parece al universo tal como lo conocemos. Podría ser, en efecto, que nuestro mundo fuese muy específico dentro de un conjunto de universos que presenten por término medio características más típicas de lo que predice la teoría. Parece que escapamos a la genericidad. ¿Por qué íbamos a habitar en un espacio enervado por leyes extremadamente particulares? Quizá, simplemente, porque tales propiedades lo hacen hospitalario para la vida mientras que los demás son aburridos y uniformes. Exactamente de la misma manera que nuestro entorno directo, la Tierra, es favorable a la vida –y por eso estamos aquí–, a diferencia del espacio interestelar, que es frío y casi vacío.

En cierto sentido, la teoría de cuerdas es ella misma una anomalía. Ha cambiado, para bien y para mal, la manera de practicar y pensar la física. Algunos ven en ella una forma de deriva posmoderna, otros, la oportunidad de elaborar un nuevo criterio de veracidad. Por ejemplo, la corroboración no empírica permitiría establecer estadísticamente la pertinencia de una teoría... ¡sin recurrir a la experiencia! El rostro de la anomalía se desdobla aquí y abarca tanto el significado como el significante.

Hay algo aquí que se sale de lo común. Ya se trate de la naturaleza de la elaboración teorética o de la propia estructura de la realidad, se dibuja una especie de excepcionalidad. Es posible que acabe no siendo más que una ilusión. Pero tampoco es imposible que constituya el indicio de una excursión radical a las expectativas del marco del que ha salido. Si la teoría de cuerdas plantea problemas –y ese es sin duda el caso en más de un sentido– no es por su audacia ni por su cuestionamiento de ciertas reglas tácitas. Al contrario, estas tentativas inesperadas son la forma por excelencia del pensamiento exploratorio.

14. Pejigueras en el modelo estándar

La comprensión de las partículas elementales es uno de los logros más fenomenales de la ciencia contemporánea. En una visión constructivista, por ejemplo, la del gran físico Richard Feynman, cabe decir que todo lo demás se deriva de ella. Pero lo infinitamente pequeño no se deja aprehender fácilmente...

La doble anomalía de las partículas espectrales

Aunque cada rama de la física tiene en cierto modo su propio «modelo estándar», esta expresión, utilizada sin mayores precisiones, generalmente se refiere a las partículas elementales. Probablemente se trate del modelo estándar más fiable y mejor probado. Desde hace decenas de años, uno de los grandes desafíos de la investigación consiste en encontrarle fallos que puedan servir de guía hacia una nueva física. Pero, por desgracia, si se puede decir así, el modelo estándar funciona demasiado bien. Sin embargo, no puede ser una teoría definitiva: sus deficiencias son numerosas y conciernen tanto a aspectos técnicos como a la dimensión conceptual.

En efecto, en este edificio está tomando forma una gran anomalía de la física de altas energías. Y lo que es aún más sorprendente: es una anomalía que se ha manifestado como consecuencia directa de otra, de carácter astrofísico, que afecta a extrañas entidades microscópicas: los neutrinos.

Los neutrinos son partículas elementales muy abundantes en el universo pero muy discretas, porque interaccionan débilmente con los demás corpúsculos. Más de 100 billones de neutrinos atraviesan el cuerpo humano cada segundo. Bastaría que las fuerzas en juego fuesen siquiera moderadas para que quedásemos destruidos de inmediato. Los neutrinos son fantasmas omnipresentes: su ejemplar espectralidad les permite atravesar casi cualquier muro. Pero, de cuando en cuando, uno de ellos interactúa con el medio que atraviesa y revela así inesperadamente su presencia.

Nuestra estrella, el Sol, quema alrededor de 500 millones de toneladas de hidrógeno cada segundo. Estas reacciones de fusión termonucleares producen una cantidad descomunal de neutrinos, tantos, que es posible medirlos a pesar de su endémica discreción. En la década de 1990, en Japón, entró en servicio un gigantesco detector con ese propósito y el resultado fue claro: la cantidad de neutrinos detectados era insuficiente, no se correspondía con las clarísimas predicciones que emanaban de la conjugación de la astrofísica y la física nuclear. Mientras que la descripción del funcionamiento del Sol parecía estar completamente resuelta y sus pilares estaban anclados en conceptos teóricos probados, el déficit de neutrinos hizo temblar el edificio. Esta gran anomalía tuvo a los físicos sumidos en la perplejidad durante años. La ciencia involucrada era relativamente simple y bien conocida: ¿de dónde podía provenir entonces esa brecha entre lo esperado y lo medido?

La resolución del enigma exigió el recurso a la física cuántica. En efecto, los neutrinos que puede ver el detector japonés son de un tipo particular: justamente el correspondiente a la emisión del Sol. Pero si resultase que los neutrinos poseen masa, entonces es posible que se transformen durante el viaje. Este fenómeno, llamado «oscilación», es una predicción específica de la mecánica cuántica. Permite que los neutrinos cambien de sabor, y los mutantes ya no son registrados por el detector en cuestión.

La causa del flujo anormalmente débil detectado en la Tierra quedó así clara: los neutrinos se metamorfosean y dejan de ser detectables por los instrumentos disponibles. Son emitidos por nuestra estrella en la cantidad esperada, pero mutan de camino. La anomalía hizo posible un progreso considerable: demostró que los neutrinos estaban indudablemente dotados de masa, sin la cual no podría tener lugar el proceso de oscilación. Los neutrinos son, por tanto, diferentes de los fotones –granos de luz–, cuya masa parece ser estrictamente nula. Este es sin duda uno de los raros casos en la historia de la ciencia en que la astrofísica ha llevado a un avance significativo en la física de partículas. No obstante, la resolución de esta anomalía desembocó en... ¡otra!

La maldición de la masa

Los neutrinos son partículas masivas; esa es la lección del aparente déficit proveniente del Sol. Esa masa autoriza la transmutación que permite superar la paradoja y explicar el déficit detectado. Todo está ahí. Pero la historia no puede acabar así: adquirir una masa no es algo baladí.

En efecto, el modelo estándar predice de hecho que los neutrinos deberían estar desprovistos de masa. Las partículas usuales se tornan masivas por interacción con el famoso bosón de Higgs[1], cuya existencia fue confirmada en el CERN en 2012. Pero este mecanismo bien probado no funciona con los neutrinos. El origen de su masa desafía la comprensión que tenemos del mundo subatómico. No basta con añadir «a mano» una masa en las ecuaciones para que cuadre el conjunto: en la física teórica todo está ligado entre sí, y modificar una parte de un modelo nunca deja de tener grandes consecuencias en otra parte de él.

Como es natural, no faltan especulaciones encaminadas a explicar esta anomalía. Las más populares se basan, o bien en la identidad del neutrino con su antipartícula asociada, o bien en la existencia de una nueva partícula muy pesada con propiedades específicas. En todos los casos, y esto es lo que importa, se trata de física *más allá del modelo estándar*. Así pues, existe hoy un fallo en el paradigma. La masa de los neutrinos perturba nuestra descripción de lo infinitamente pequeño y requiere una extensión significativa de los conocimientos confirmados. Aunque su valor pueda parecer

---

1. Eso es en realidad solo la punta del iceberg: la masa se debe también y sobre todo a la energía de enlace de la cromodinámica cuántica.

irrisorio en comparación con el del protón o incluso del electrón, la contribución de los neutrinos a la masa total del universo es, debido a su enorme cantidad, muy significativa, mayor que la de todas las estrellas juntas...

Los neutrinos encarnan la extrañeza. Hace unos años saltó a los titulares un anuncio literalmente increíble: ¡los neutrinos parecían propagarse más deprisa que la luz! Se trataba solo de un error de medida, como sospechaba la gran mayoría de los físicos; pero de este extraño episodio probablemente se puedan extraer algunas lecciones. En primer lugar, se produjo una curiosa distorsión mediática, debida también a los profesionales y no solo a los periodistas. El artículo publicado en línea por el equipo de investigadores era prudente y modesto. Pero a las 8 de la noche, en el telediario, el anuncio se convirtió en algo así como: «¡Einstein estaba equivocado!». Más que sed de sensacionalismo, creo que lo que está aquí en juego es una extraña necesidad de personalización e individualización de una aventura que, sin embargo, es fundamentalmente colectiva y compartida. Por otro lado, pocos meses después del sorprendente «descubrimiento» se publicó un desmentido explicando con rigor y humildad las causas de la imprecisión en las medidas. Algunos vieron en ello un fracaso clamoroso de la comunidad científica. Para mí es más bien un gesto ejemplar: poder declarar, sin ninguna vergüenza, que «nos equivocamos», es un privilegio. La aventura del conocimiento funciona por ensayo y error. Está jalonada de incertidumbres y errores. No tiene que avergonzarse de sus pejigueras. Cuando el objetivo es honesto y el andar modesto, el error no es engaño. La verdad, además, está siempre sometida a la intención, y como tal no constituye nunca un fracaso.

Otro falso vacío

El modelo estándar adolece de otra anomalía. Más grave. Más solemne. Más peligrosa. No se trata de una extrañeza teórica propiamente dicha, sino más bien de una preocupación cosmogónica. No atenta contra la estructura matemática, pero afecta realmente a la instanciación mundana, porque de hecho se trata de una amenaza de hundimiento global.

La cosa va aquí nada menos que de la muerte del universo. Son varios los supuestos que pueden llevar a considerar esta eventualidad extrema. Por ejemplo, es posible imaginar un *Big Crunch*, una especie de homólogo simétrico del Big Bang: el espacio volvería a contraerse y conduciría a una futura singularidad eminentemente destructiva. Las medidas actuales no apoyan esta hipótesis. También es posible imaginar un *Big Rip*, un desgarro espacial: habría un momento en que cada punto se distanciaría infinitamente de todos los demás (lo contrario del supuesto anterior). Aunque marginalmente compatible con los datos experimentales, esta posibilidad es muy exótica y requiere pesadas e inútiles hipótesis teóricas. Tal vez tengamos que hacernos a la idea de un simple *Big Cold*, una muerte lenta del universo evolucionando inexorablemente hacia un estado cada vez más frío y lúgubre. La agonía sería entonces progresiva y nunca se alcanzaría una temperatura estrictamente nula (menos aún si el universo acelera[2]). La muerte sería asintótica y asintomática.

---

2. Si la evolución del universo está dictada por una constante cosmológica, como apuntamos en los capítulos precedentes, entonces su temperatura no tiende a cero. La constante cosmológica posee en efecto su propia temperatura, que es muy baja, pero no nula.

Hay otra catástrofe posible. Aún más espectacular. Más extrema y más imprevisible. Resulta que el descubrimiento del bosón de Higgs, gran suceso experimental de la década 2010-2020, revela algo más que la existencia de una partícula finalmente comprendida y esperada. De hecho, esta entidad está asociada con un campo, y el estudio de las propiedades finas de este campo sugiere que podría no estar en su estado realmente fundamental, lo que generalmente se llama «el vacío». Y eso es lo que puede ser motivo de preocupación.

Por definición, el vacío es estable. En física cuántica, el vacío no está necesariamente desprovisto de todo contenido, pero constituye el estado de energía mínima. Las partículas elementales se interpretan fácilmente como excitaciones de los campos alrededor de su estado fundamental. Fluctúan alrededor del vacío. Todo ello contribuye a una descripción coherente y casi apacible del mundo subatómico. Pero si el campo de Higgs no se encontrara hoy en su verdadero estado vacío, la situación es muy diferente. En efecto, significaría que el mundo actual solo podría estar «en libertad condicional».

Desde el punto de vista clásico, es posible permanecer perfectamente estable en una posición que no sea realmente la de mínima energía. Una semilla caída de un árbol puede pasar toda su vida en un terraplén y nunca llegar a la pequeña anfractuosidad vecina que, sin embargo, es más baja y corresponde, en principio, a un estado energéticamente más favorable. Pero las leyes cuánticas permiten el extraño fenómeno del efecto túnel: incluso si no llega ninguna fuerza externa para empujarla, la semilla puede, al cabo de cierto tiempo, atravesar el talud como por arte de magia y llegar al lugar de estabilidad óptima.

Revisitado a la luz de este fenómeno extraño pero bien conocido, el estado del universo se torna por tanto precario: si existe una configuración del campo de Higgs más estable, un verdadero vacío en el que ahora no nos encontramos, la transición hacia él es inevitable. Cuando ocurra, en algún lugar, en algún momento aleatorio, se producirá la formación de una burbuja dentro de la cual las leyes físicas serán diferentes de las que rigen la realidad a la que estamos acostumbrados. Con toda probabilidad, nada será allí parecido a lo que conocemos. Esta burbuja, al representar un estado más estable, aumentará a la velocidad de la luz, barriendo todo a su paso e imponiendo una nueva física radicalmente diferente. El fin del universo toma aquí forma en un sentido tanto más grandioso y aterrador cuanto que parece imposible imaginar allí otra forma de vida o complejidad: la catástrofe va acompañada necesariamente de un colapso gravitacional.

Este supuesto ¿es ciencia ficción? Ciertamente que sí. Primero, porque es extremadamente difícil conocer el verdadero vacío del campo de Higgs, y el débil indicio que permite suponer que difiere del estado observado es poco significativo. Requiere extrapolar la física observada a energías desconocidas, y este gesto es más que audaz. En segundo lugar, porque, aunque hubiera un estado más estable que aquel en el que nos encontramos, la transición cuántica hacia él podría llevar un tiempo inmenso, mucho mayor que la edad actual del universo. Y finalmente, en clave más egoísta y a la escala de nuestro planeta, porque el desastre ecológico total en el que nos encontramos debería ser una fuente de preocupación mucho más grande y omnipresente en nuestras mentes que la posible descomposición del vacío cuántico. Sea como fuere, esta posible inestabilidad cósmica no deja de ser llamativa.

El momento magnético incorrecto

Menos impresionante sin duda, pero quizás más pertinente: el momento magnético anómalo del muon. El muon es una especie de electrón pesado. No tiene características particularmente notables y es, de entre las partículas elementales bien conocidas, una de las más comunes. Casi insignificante.

El muon, como su primo el electrón, tiene un momento magnético. Su valor se puede calcular con mucha precisión, cosa que se hizo desde los comienzos de la mecánica cuántica. El muon interactúa ligeramente con las muchas partículas que pueblan esporádicamente el vacío. La teoría cuántica de campos permite predecir la diminuta desviación así inducida en el momento magnético del muon por el incesante hervidero de corpúsculos que llenan el espacio a nuestras espaldas.

Pues bien, el valor calculado por la teoría de campos no coincide exactamente con el medido. Se dice que el momento magnético del muon es «anómalo»: escapa a la ley. La diferencia, aunque pequeña, es estadísticamente significativa. Un experimento reciente ha demostrado que la probabilidad de que se trate de una simple fluctuación la que induciría por casualidad la diferencia observada es inferior a 1 entre 40 000.

Durante algún tiempo se pensó que el problema podía resolverse mediante un simple efecto de la relatividad general, que la causa de la rareza era la omisión de la gravedad.

La noticia causó gran revuelo: no habría entonces necesidad de una «nueva física» y bastaría una mejor aplicación de las leyes conocidas para superar el enigma. Sin embargo, la hipótesis no parece haber resistido un examen escrupuloso por parte de la comunidad y parece que el momento magnético anómalo del muon revela la existencia de una ciencia aún por descubrir. ¿Podría ser que nuevas partículas, aún no identificadas y por lo tanto ignoradas en los cálculos, pueblen subrepticiamente el vacío e induzcan así la desviación observada?

Y lo que es aún más sorprendente: el electrón no se ve afectado por esta anomalía. Como si el sabor (es decir, la familia) de la partícula influyera en la manera de ataviarse con el vacío cuántico. Un fenómeno sin precedentes y anonadante.

15. Explosiones...

Detrás de la aparente plenitud del cielo estrellado –que dentro de poco ya no será posible contemplar, habida cuenta los delirantes proyectos espaciales que están viendo la luz actualmente– se esconden fenómenos esporádicos que revelan procesos extremos. En gran parte siguen estando incomprendidos, pero podrían abrir una nueva puerta a las catástrofes cósmicas.

De los rayos gamma a las ondas de radio

El viejo enigma de los estallidos de rayos gamma no es el único de este tipo. En el otro extremo del espectro electromagnético, del lado de las energías muy bajas, el de las ondas de radio, se desarrolla una escena relativamente similar. El descubrimiento es más reciente y data de 2007. De nuevo se trata de ráfagas inexplicables de señales extraterrestres que llegan a nuestros detectores provenientes del espacio lejano. Las grandes antenas de radio han detectado ya varios centenares de eventos semejantes.

Se trata de destellos de duración no superior a algunos milisegundos. Aunque su intensidad es extremadamente débil cuando la onda llega a los telescopios, es fácil estimar que la violencia del fenómeno físico que los genera debe ser inmensa, dada la gran distancia que nos separa de él. Estas explosiones de radio cubren una amplia gama de frecuencias y están distribuidas aleatoriamente por la bóveda celeste.

¿Cómo sabemos que vienen de tan lejos? Naturalmente, la distribución uniforme de las posiciones apoya ya esa tesis: no parecen estar asociadas ni con un planeta del sistema solar ni con el centro de nuestra galaxia. Pero, sobre todo, se observa un fenómeno de dispersión muy elegante: dependiendo de la longitud de onda, se puede detectar un pequeño retardo específico. Este retardo es testimonio de la gran cantidad de plasma atravesado por las ondas durante su propagación. Es un largo viaje.

Poco a poco, estas esporádicas extrañezas se han convertido en algo rutinario para los radioastrónomos. Tachonan las observaciones. Pero no basta habituarse a un fenómeno para considerarlo comprendido o deseable[1]...

Fuentes misteriosas

¿Qué es lo que genera las explosiones de radio? La pregunta es difícil y hasta ahora no ha podido emerger ninguna

---

1. Nos hemos habituado a la idea de que un niño muera de hambre cada 5 segundos. Pero eso sigue siendo una anomalía radical, teniendo en cuenta nuestros recursos y los valores que defendemos.

respuesta consensuada. Las explosiones son breves, y eso significa que la fuente debe ser compacta. En efecto, en un milisegundo –la duración típica de uno de esos eventos– la luz solo recorre unos trescientos kilómetros. Por consiguiente, el fenómeno que genera el destello no puede ocupar una zona más grande que eso, porque si no habría un problema de causalidad: puntos que no están en absoluto correlacionados, que no tienen ningún vínculo entre ellos, no pueden sincronizar milagrosamente sus emisiones. Cuando explota una bomba, la deflagración se propaga, no surge simultáneamente en lugares independientes.

Puede ser que estas explosiones de radio sean producidas por magnetares: estrellas de neutrones con un campo magnético excepcionalmente intenso. Pero también es posible que provengan de la colisión de agujeros negros o de estrellas de neutrones «normales». Otras posibilidades son las supernovas especialmente energéticas y otros muchos procesos más exóticos: blitzars, agujeros blancos, cuerdas cósmicas, cúmulos de axiones, etc. Los detalles de estos modelos no importan, porque ninguno de ellos se impone ni convence del todo.

Un detalle viene a exacerbar el enigma: algunas explosiones parecen tartamudear, se reproducen, y eso es difícilmente compatible con un evento catastrófico e improbable. A raíz de esa observación surgieron nuevas hipótesis, empezando por la muy notable de un fenómeno de «superradiancia», de amplificación de una onda causada al atravesar un medio apropiado. Es el tipo de proceso que puede permitir generar un rayo láser.

La cuestión en este momento consiste no tanto en encontrar una posible explicación como en establecer un modelo que produzca efectos discriminantes, es decir, que anuncien características que sean incompatibles con las permitidas por las teorías rivales. Como siempre, la explicación no solo debe convencer, sino también desmarcarse de sus rivales.

¿Alienígenas?

Inevitablemente, la idea de que el origen de las explosiones de radio está relacionado con una emisión voluntaria emanada de civilizaciones extraterrestres ha sido otra de las que se han puesto sobre el tapete, aunque sería curioso que los alienígenas, dispersos un poco por todo el universo y por lo tanto muy diferentes unos de otros, utilizasen exactamente el mismo tipo de señal para llamar la atención. Pero, al margen de este detalle, hay algo triste que pone de manifiesto esta fantasía.

La posible existencia de vida fuera de nuestro planeta es una posibilidad que fascina, y con razón. Pero la interrogación adopta una forma extraña.

¿Por qué mostrar tanto desprecio y desinterés por la vida terrestre y apasionarse por la posible presencia de bacterias rudimentarias en Marte? Los insectos, con los que compartimos –o compartíamos, porque están literalmente sometidos a una hecatombe– este planeta, han creado mundos extraordinarios. Construyen universos absolutamente fascinantes de complejidad y belleza. Pero solo suscitan en nosotros, en el mejor de los casos, indiferencia, y en el peor, sensación de asco. Manifiestamente, la vida en la Tierra, de la que sabemos tan poco, ya no nos conmueve. ¡Qué paradójico es erradicarla con tanta frialdad y entusiasmarse con su posible existencia en los confines del cosmos!

Además ¿por qué imaginar que una inteligencia extraterrestre va a tener una forma tan parecida a la nuestra? ¡Qué singular arrogancia! ¡Se necesita una falta de imaginación casi patológica para suponer que una vida radicalmente diferente[2] emplearía una tecnología y un lenguaje tan profundamente humanos (aunque completamente oscuros para... la mayoría de los humanos)!

¿Cómo, en fin, desdeñar hasta tal punto las otras culturas, atrevernos a revestirnos de pureza moral para establecer el carácter absoluto de nuestros valores, y al mismo tiempo pretender estar interesados en la gran alteridad cósmica? Es tan cínico o inconsecuente como creer que se ama la astrofísica y la vida y apoyar a los truhanes multimillonarios de Silicon Valley que infectan el cielo con miles de satélites comerciales, que inventan un turismo espacial tan contaminante como decadente y que escenifican la espantosa vulgaridad de una depredación celeste asumida y reivindicada. Privatizar el cielo, publicitarlo: incluso aquello que creíamos aún un poco sagrado se verá por tanto mancillado.

Diversidad

Recientemente se ha complicado aún más el rompecabezas, al observarse una explosión muy rápida de radio en un cú-

---

2. Además, para que esta frase tenga sentido, haría falta disponer de una verdadera definición de la vida –no calcada de la que se observa a nuestro alrededor–, lo cual no es el caso.

mulo globular cerca de la galaxia espiral M81. Sin embargo, se trata de un lugar donde normalmente hay estrellas muy viejas, y no hay ninguna razón para que se origine allí una explosión breve e intensa. Recurriendo a modelos relacionados con otras observaciones, sería un poco como descubrir un chip electrónico al hacer excavaciones arqueológicas en una ciudad perdida del Sahara.

Cada información es una mina de oro. No basta con escrutar el fenómeno, hay que contextualizarlo y analizarlo en su medio. Que pueda originarse en una zona cósmica bastante desértica e inactiva ofrece una visión muy diferente de la que resultaría si hubiese sido observado solo en lugares de intensa formación estelar.

Sin duda habrá que optar por no buscar un origen único. La naturaleza es más inventiva que nuestra imaginación (la cual, no lo olvidemos, forma sin embargo parte de aquella). Es probable que las explosiones de radio, a pesar de su apariencia relativamente homogénea, tengan su explicación en una cierta diversidad de procesos físicos.

En 2018 se detectó en el oeste de Australia una señal aún más extraña: una salva de ondas de radio, cada 18 minutos, de unos 30 segundos de duración. Luego, al cabo de unos meses, la fuente se apagó. Se pudo demostrar que estaba situada cerca de nosotros, en nuestra galaxia, a unos 4 000 años luz de distancia. Además, las características de la señal sugieren que el objeto emisor es pequeño y está plagado de inmensos campos magnéticos. Es probable que se trate de un magnetar: una estrella de neutrones con un campo excepcionalmente intenso. El cielo está lleno de violentas y radiantes extrañezas.

Relatividad

Más allá de la diversidad, la pregunta obsesiva planteada por la ciencia –y la filosofía– contemporánea es obviamente la de la relatividad. Relatividad en el sentido estricto de la palabra.

La mecánica cuántica, en su interpretación relacional[3], nos invita a comprender que el mundo no está hecho de objetos sino de interacciones[4]. Solo se puede predicar *relativamente*. No hay nada que decir sobre las cosas *en tanto que tales*. Tal vez no existan. Las variables no toman valores *sino* durante una interacción. Lo que es cierto de un objeto para un determinado observador no lo es para otro: el estado cuántico es relativo. En su propio campo, y de una manera ligeramente diferente, esto es también lo que nos enseña la relatividad general. Este relativismo, que podríamos llamar perspectivismo, ¿por qué aterra tanto? Sin embargo es lo contrario del nihilismo e invita más bien al reencantamiento de la realidad. Sin pérdida de rigor, sino todo lo contrario. Seguimos siendo los aterrados herederos de una vieja tradición metafísica que se creía capaz de acceder a una ontología densa y exhaustiva.

Recientemente se ha demostrado[5] que esta visión va mucho más allá de la mecánica cuántica y la relatividad general. Se encuentra, con diferentes matices y coloraciones, en la física clásica, en las teorías de gauge y en la gravedad cuántica. Toda las ciencias de la naturaleza contemporánea apa-

---

3. Véanse, una vez más, las obras y artículos de Carlo Rovelli.
4. Lo cual fue también propuesto, en otro sentido, en A. Barrau, *De la verité dans les sciences*, Dunod, París, 2019.
5. Véase la ontología relacional de Francesca Vidotto.

recen bajo una nueva luz –a la vez más humilde y más coherente– gracias a una comprensión relacional de la realidad.
Las partículas existen durante las interacciones, no entre
ellas. El alcance revolucionario de este pensamiento «anómalo» es inmenso y apenas se ha comenzado a explorarlo.

Queríamos una Verdad única y universal, e incluso dentro de las ciencias duras descubrimos que es indicial y relativa. Aunque no por ello menos exigente y restrictiva. ¿Nos
atreveremos a extraer las consecuencias?

Aventurarse en los meandros de una metafísica de lo múltiple y desamarrado no está exento de peligros[6]. Pero quedarse en la reproducción de lo conocido es innegablemente
la única opción racionalmente impensable.

Hoy tenemos la suerte de estar condenados, tanto a nivel
político como científico y filosófico, a tener que reinventar-
lo todo. Es a la vez un inmenso privilegio y una responsabi-
lidad aplastante. Incontestablemente, es necesario convertirse en bandidos del pensamiento. Nuestro *Diario del ladrón*
deberá brillar de subversión y genialidad. Como el de Jean
Genet bajo el sol de la traición –traición a la herencia reci-
bida y ciertamente no a la palabra dada. Como sus sucias
y sediciosas palabras que se ríen en las mismísimas narices y
en las barbas de toda la constreñida ortodoxia de nuestras
certezas sedimentadas.

---

6. Véase A. Barrau, *Chaos Multiples*, París, Galilée, 2017.

16. Formalismos paradójicos

La ciencia dice algo sobre el mundo. Pero también dice algo sobre las expectativas y fantasías de la sociedad que la produce. Es la expresión de una tensión entre dos polos. Por un lado, la libertad casi demiúrgica y creadora del científico y, por otro, la implacable facticidad de una realidad que evidentemente no es puramente convencional.

Los estatus antagónicos del tiempo

La cuestión del tiempo en física es un asunto espinoso que plantea muchas interrogantes, algunas de las cuales hemos esbozado anteriormente. Su significado último se oculta. El tiempo es como intrínsecamente «anormal». Vivimos en un mundo de cuatro dimensiones: tres para el espacio, equivalentes entre sí, pero solo una para el tiempo. Una única y singular.

Por un lado, en el plano formal, el tiempo se adorna con un signo diferente. En efecto, la geometría del espaciotiempo se describe mediante una magnitud matemática llamada «intervalo» que generaliza el teorema de Pitágoras. Ahora bien, mientras que en los manuales escolares el cuadrado de la hipotenusa es simplemente igual a la suma de los cuadrados de los otros lados, cuando se toma en cuenta la dimensión temporal es necesario *restar* la parte que le incumbe. Esta firma, denominada lorentziana, por oposición a la habitual, denominada euclidiana, resulta fundamental para la descripción de nuestro mundo. He ahí la paradoja. La relatividad nos invita a tratar el espacio y el tiempo en pie de igualdad. Ese es el núcleo duro de la teoría, el espacio y el tiempo son solo dos aspectos de una misma entidad fundamental. Y, sin embargo, hay una asimetría esencial que los distingue y que enmarca toda la estructura matemática.

Por otro lado, y en un nivel más profundo que el de esta diferencia de signo en la definición del intervalo, el tiempo se distingue del espacio de manera evidente: es posible avanzar y luego retroceder a lo largo de un eje, mientras que es imposible retroceder en el tiempo. El tiempo es de dirección única. Existen muchas tentativas de comprender esta orientación del tiempo. La más legítima se basa en la física estadística: los sistemas evolucionan irreversiblemente porque se mueven hacia su estado más probable. Esta explicación, como ya mencionamos, no elimina sin embargo del todo la paradoja, ya que solo explica la irreversibilidad que nos es habitual en la medida en que supone la existencia de un estado primitivo del universo suficientemente improbable como para permitir la evolución orientada hacia el equilibrio.

La problemática más espinosa en relación con el tiempo reside sin duda en el diferente trato que recibe en la relati-

vidad y en la mecánica cuántica. Los dos pilares más fundamentales de la física no lo tratan en absoluto de la misma
manera. Desde el punto de vista de la física cuántica, el
tiempo es un parámetro externo. Concuerda bastante con
la idea intuitiva habitual y se encuentra radicalmente desco-
nectado del espacio. Cuando se cuantiza un sistema clásico,
hay una operación matemática compleja que requiere reemplazar las variables espaciales por operadores, es decir, por
«máquinas» que actúan sobre las entidades que encuentran a
su paso. Por el contrario, el tiempo se mantiene idéntico a sí
mismo, como un simple número.

Pero la relatividad muestra que todo movimiento induce
inevitablemente una transformación del tiempo en espacio
y del espacio en tiempo: estas dos magnitudes deben ser por
tanto ontológicamente similares. Esta tensión entre el esta-
tuto del tiempo en los paradigmas cuántico y relativista es
probablemente una de las razones por las que es tan difícil
elaborar una teoría de la gravedad cuántica. ¿Cómo conci-
liar la ciencia de Einstein (gravitación relativista) con la de
Heisenberg y Schrödinger (mecánica cuántica) si no se ponen de acuerdo sobre el estatus del tiempo?

Sin duda hay que dejar de hablar de «el» tiempo y aceptar
la idea de que esta palabra se refiere, según los contextos y
los niveles de aproximación, a conceptos disjuntos.

Vuelta a la ciénaga

Más allá –o más acá– de la problemática del tiempo y de la
gravedad cuántica, comienza a emerger una nueva forma de
entender la construcción de las teorías físicas. Se basa en la

distinción entre «paisaje» y «ciénaga». Estas ideas están importadas de la teoría de cuerdas, pero no se confunden con ella. El paisaje representa el conjunto de las teorías. Es un espacio abstracto en el que cada punto corresponde, cabría decir, a un mundo posible. La física está interesada en las propuestas compatibles con lo que se sabe sobre la realidad. Se trata, pues, de modelos que difieren unos de otros pero que coinciden en lo que se refiere a los fenómenos conocidos y descritos hoy día, porque de lo contrario estarían ya descartados. Durante un hipotético viaje imaginario por el «paisaje», cada desplazamiento correspondería a la exploración de nuevas leyes físicas que difieren esencialmente entre sí en su comportamiento a altas energías, es decir, allí donde aún no han sido contrastadas. Esta forma de presentar los modelos, tomada de la biología, no es ni revolucionaria ni particularmente fecunda.

El cambio reciente y determinante es que, al parecer, gran parte de estas teorías no son aceptables sino en apariencia. Aunque poseen todos los atributos de los modelos viables, un estudio detallado revela a menudo patologías ocultas, especialmente cuando se tiene en cuenta la presencia de la gravedad. El conjunto de estas proposiciones, indebidamente consideradas como posiblemente correctas, constituye la «ciénaga». Lo más preocupante es que esta parece mucho más vasta que el paisaje: la mayoría de las propuestas consideradas adecuadas resultan ser finalmente inconsistentes. La búsqueda de criterios que permitan circunscribir los límites de la ciénaga está en pleno apogeo y permite podar un gran número de modelos que hasta ahora gozaban de seria consideración. La necesidad de pruebas experimentales desaparece en algunos casos. Las anomalías son internas y subrepticias.

Naturalmente, esta metodología suscita una pregunta. ¿Hasta dónde es legítimo llevar semejante lógica, que cabría denominar «autónoma», casi «en estado de sobrevuelo»? Confiar demasiado en ella equivaldría sin duda a olvidar demasiado deprisa que la física nunca se establece a partir de principios fundamentales claros y rigurosos, a partir de postulados puros y radiantes de absolutez, sino que procede más bien de acuerdo con una elaboración barroca y vacilante. Fundamentalmente heterónoma. Elabora titubeando. Las teorías rara vez son bien nacidas, sino que gustan de modificarse al son de las medidas y las ideas que van surgiendo. Mejoran infectándose. Erradicarlas «al nacer» porque no se puedan extrapolar sin dificultad supondría sin duda una cierta violencia intelectual.

Pero el programa de la ciénaga también se puede utilizar de forma más subversiva. Es, en sí mismo, una especie de extrañeza epistemológica. Si se siguen ciegamente sus criterios, parece indicar que las mejores descripciones que tenemos hoy para explicar la dinámica del universo viven estructuralmente en la ciénaga. Dado que sería cuando menos aventurado decretar que el mundo es en sí mismo incorrecto, ello significaría necesariamente que los criterios de definición de la ciénaga son defectuosos. Pero si estos criterios están cuidadosamente derivados de un paradigma relativamente bien definido, como la teoría de cuerdas, entonces la lógica puede llevarse un poco más lejos y posiblemente permitiría falsar dicha teoría.

Así pues, si pareciera –y ese no es aún el caso– que todo modelo que permite explicar correctamente el comportamiento del universo proviene necesariamente de la ciénaga, ello permitiría invalidar sin duda el marco que motiva este concepto y posiblemente, por ende, la teoría de cuerdas. He aquí una hermosa paradoja: la teoría que ambiciona describir correctamente el mundo a las energías más altas y a las distancias más pequeñas podría verse cuestionada por un fenómeno de energías ultrabajas relacionado con procesos que tienen lugar a una escala muy grande.

Matemáticas improbables

Contrariamente, quizás, a una evidencia falaz, las matemáticas no están exentas de anomalías. El singular estatus –a la vez ejemplar y marginal– de la reina de las ciencias daba pie a esperar la existencia de una arquitectura libre de toda contradicción. No es ese el caso. La historia de las matemáticas está jalonada de célebres paradojas. Algunas eran solo aparentes, otras llevaron a profundas revisiones de las reglas de la lógica o de la teoría de conjuntos.

Kurt Gödel hizo temblar las matemáticas al demostrar que toda teoría suficientemente rica contiene enunciados indecidibles. Proposiciones que no son ni demostrables ni refutables. Como en hipóstasis. Uno de los ejemplos más significativos de tales situaciones (en sentido amplio) concierne a la «hipótesis del continuo». En efecto, desde Cantor se sabe que los infinitos no son todos iguales. Los números enteros son infinitos, pero es un infinito pequeño, lo que los matemáticos llaman un infinito numerable. Los números reales también son infinitos, pero esta vez es un infinito grande, un infinito no numerable. Por ejemplo, hay muchos «más» números reales entre 1 y 1,0000001 que todos los números enteros juntos. Una pregunta esencial atormentó a los investigadores durante décadas (e incluso fue considerada por Hilbert, en 1900, como la pregunta más importante de las matemáticas): ¿existe un infinito de tamaño intermedio, entre el de los números enteros y el de los números reales?

Muy sorprendentemente, se demostró que en el marco de la axiomática habitual de las matemáticas –lo que se llama la teoría ZFC– la cuestión de la existencia de este infinito de tamaño intermedio es literalmente indecidible. Por lo tanto, es legítimo *elegir* entre una respuesta positiva o, por el contrario, negativa. Ambas posibilidades están permitidas y crean matemáticas diferentes pero consistentes. No es una pregunta cuya respuesta aún no se conozca: es un enunciado al que se pueden dar respuestas opuestas, a placer.

Esta incompletitud ¿es una anomalía? Sin duda contradice la ingenua expectativa que se acostumbra a abrigar sobre una especie de plenitud platónica del mundo matemático. Sin embargo, no deja de ser una realidad –todavía debatida y sobre la cual se ha arrojado recientemente nueva luz[1]– que abre también muchas posibilidades. Invita a plantear la cuestión tanto de lo deseado como de lo correcto. Incluso en el corazón de las matemáticas...

La mayoría de los matemáticos consideran que la estrategia correcta es ampliar la teoría ZFC para hacer decidible la hipótesis del continuo. En efecto, si los axiomas básicos de las matemáticas se completan con la adición de otros criterios, es probable que sea posible dar una respuesta clara a la proposición en cuestión. Cambiando las reglas del juego es posible pronunciarse sobre la legitimidad de ciertos movimientos de estatus hasta ahora ambiguo. Pero hoy por

---

1. En particular por los importantísimos trabajos de Malliaris y Shelah.

hoy no se ha encontrado ninguna forma elegante y convincente de proceder...

En cierto sentido, la anomalía es la norma. Movediza e informe. En un nivel más específicamente societal, resulta en extremo interesante leer o releer el mensaje de Alexander Grothendieck. Grothendieck fue sin duda el más grande matemático del siglo XX y uno de los más importantes de todos los tiempos. Fundador de la geometría algebraica, puso de relieve vínculos insospechados entre diferentes campos de estudio y reveló estructuras de increíble riqueza. Su obra es titánica y singular en la larga y rica historia de las matemáticas.

Sin embargo, Alexander Grothendieck, genio extraordinario del pensamiento formal, también reflexionó en profundidad sobre la práctica de la ciencia. Hasta llegar a considerar que la investigación, tal como se practica, es una anomalía. Por el juego de las luchas de poder, de la búsqueda de prestigio, de la presión académica, se desvía y se aparta de su objeto. Peor aún, la investigación apoya, según él, una sociedad tecnocapitalista que solo puede conducir a una catástrofe ecológica y social global. Grothendieck extrajo de ello consecuencias drásticas para su propia vida, poniendo fin a su carrera estelar de investigador en aras de una vida sencilla y recluida. El gesto merecería, cuando menos, una reflexión[2]. Su inigualable intuición matemática (y poética) parece haber anticipado, hace 50 años, lo que a los espíritus menos clarividentes no se les ha revelado sino en la actualidad reciente.

2. La conferencia impartida por Alexander Grothendieck en el gran anfiteatro del CERN en 1972, en la que pregunta «¿vamos a proseguir con la investigación científica?», está fácilmente accesible en línea. Aunque algunas de sus aseveraciones deben verse a la luz de las lecciones de este medio siglo de historia, el meollo del asunto sigue siendo de plena actualidad.

17. Modalidades de lo anormal

Aunque la tarea parezca intrínsecamente paradójica –quizás tan inútil como imposible–, puede tener sentido intentar ordenar un poco, o al menos jerarquizar, el desorden constitutivo de nuestra ciencia del universo. Sin negar sus virtudes creativas.

Un poco de taxonomía

Las clasificaciones sistemáticas son casi siempre atrofias. Simplifican las situaciones hasta la caricatura. Esta es precisamente la razón por la que hemos tratado de no recurrir a ellas hasta ahora: esa guía de lectura habría enmascarado la intrincación de las diferentes extrañezas que se sitúan inevitablemente en la confluencia de los esquemas de aprehensión. Sin embargo, si tuviéramos que jugar a este peligroso juego y proponer una taxonomía simplificadora de las anomalías, tal vez podría estratificarse como sigue.

Nivel 1. *Lo imprevisto*. Aquello que no se había anticipado. Que la vida tomara –hace unos cientos de millones de años– la forma de grandes reptiles llamados dinosaurios no plantea ningún problema científico particular y no contradice ninguna visión coherente de la biología. Incluso es un episodio evolutivo muy bien comprendido por la teoría darwiniana y sus diversas terminaciones. No obstante, antes de que se descubrieran los fósiles de estos gigantes, eso no se había previsto y «la evidencia» vino *a posteriori*. En este sentido, la aparición de lo imprevisto sigue siendo a menudo «anormal» durante un tiempo. El estudio y la comprensión de esta sensación son fundamentales para sondear los mecanismos de inercia intelectual que a veces retardan considerablemente los cambios científicos.

Nivel 2. *Lo asombroso*. Que uno pueda llegar a ser más viejo que sus propios padres está reñido con la intuición. Es algo que está en contradicción con nuestra aprehensión habitual del tiempo. Sin embargo, la relatividad especial lo explica sin ninguna dificultad: el fenómeno de la dilatación temporal conduce naturalmente a esa situación si los padres se someten a velocidades suficientes. Por tanto, la anomalía toma aquí la forma de una brecha demasiado grande entre las lecciones –confirmadas por la experiencia– de teorías bien establecidas y el sentido común más elemental.

Nivel 3. *Lo improbable*. Un evento que no viola ninguna ley física pero que es muy improbable comienza a ser una seria anomalía. Parece ser que el universo primitivo tenía una entropía extraordinariamente baja, es decir, un desorden muy pequeño. Algo así como si la leche vertida en el café se agrupara espontáneamente en la forma de una gota no diluida. Toda la asimetría que observamos entre el pasado y el futuro deriva de ahí. Esto no contradice ninguna ley fundamental de la naturaleza, no está prohibido, pero entonces surge una pregunta espinosa: ¿de dónde proviene esta «conspiración» que resulta ser tan esencial para la complejidad?

Nivel 4. *Lo invisible*. A veces, un fenómeno observado desafía las teorías vigentes. Utilizando nuestra mejor teoría gravitatoria, la relatividad general, no es posible explicar la velocidad de las estrellas situadas en la periferia de las galaxias. Aunque el significado de esta anomalía sigue siendo incierto, es probable que revele la existencia de materia oscura, cuya naturaleza aún se desconoce. Es preciso postular otro actor, oculto.

Nivel 5. *Lo imposible*. También puede suceder que una observación ponga en cuestión las leyes mismas. La observación representa entonces una crisis en el sentido kuhniano. La masa de los neutrinos, por ejemplo, escapa al modelo estándar de la física de partículas. El problema solo puede resolverse mediante una modificación profunda o mediante una drástica revolución.

Nivel 6. *Lo incoherente*. En determinadas circunstancias, ni siquiera es necesario recurrir a experimentos u observaciones: las leyes ocultan dentro de ellas mismas la firma de su propio fracaso. Eso es lo que ocurre con la gravitación relativista. Por magnífica y eficiente que sea, varios teoremas han demostrado que predice singularidades en el corazón de los agujeros negros o en el origen del universo. Se trata, en realidad, de zonas de colapso de la teoría que se ponen de manifiesto sin que siquiera sea necesario tratar explícitamente las situaciones consideradas.

Nivel 7. *Lo inefable*. Cuando los fallos se acumulan, no se trata ya literalmente de un problema localizado sino más bien de una fragilidad arquitectónica diseminada. Resulta entonces difícil acotar el problema y a veces incluso referirse a él como tal. Las palabras se convierten en señuelos o en surcos porque orientan el pensamiento en una dirección que no permite superar la anomalía. Para resolver el problema es necesario cambiar la estructura misma del discurso. Esto es probablemente lo que sucedió, por ejemplo, cuando Anaximandro propuso deconstruir la idea de verticalidad absoluta y ver la Tierra como un cuerpo celeste que define una dirección local de caída. El extraño movimiento aparente del cielo nocturno solo podía entenderse revisando el sentido mismo de las estructuras del lenguaje y la vacuidad de ciertos conceptos cuyo uso parecía sin embargo neutro o inevitable.

Nivel 8. *Lo impensable*. A veces quizás no sea suficiente con cambiar la sintaxis o el vocabulario. Si ciertas situaciones físicas se hurtan siempre a nuestras explicaciones y parecen burlarse de los modelos más refinados, no es necesariamente porque aún no hayamos logrado describirlas correctamente en el lenguaje de la ciencia. Nada impide suponer, de manera más radical, que las matemáticas mismas no son capaces de decirlo todo acerca de la realidad. No está excluido que los esquemas fundamentales de nuestro pensamiento sean intrínsecamente incapaces de hacer frente a ciertas anomalías que requerirían mucho más que un desplazamiento menor. Por no mencionar, evidentemente, que la cognición humana no se reduce afortunadamente a las construcciones fisicomatemáticas. Es también posible que exista aquí algo de una íntima e irreductible pluralidad de la realidad.

La estructura anidada de las extrañezas proviene de una improbable *constricción* en la organización teórica.

El destino de la anomalía

Como se mencionó anteriormente, el extraño comportamiento de Urano quedó explicado por la presencia de un nuevo planeta, mientras que el de Mercurio –conocido y estudiado casi al mismo tiempo– solo quedó explicado mediante una revolución consistente en la sustitución de la gravitación universal de Newton por la relatividad general de Einstein. Es difícil anticipar el alcance de una pequeña desviación... sabiendo además que muy a menudo solo se trata de un obsoleto error de medida.

Pero igual de difícil es definir lo que es una anomalía como tal. En su *Tractatus logico-philosophicus*, el filósofo Ludwig Wittgenstein escribió que lo místico no es *cómo* sea el mundo, sino que *sea*. La existencia de una realidad organizada sería, como tal, una extrañeza. El físico Eugene Wigner consideraba un gran misterio la inteligibilidad matemática de la realidad. ¿Por qué los objetos materiales son aprehendidos de manera tan perfecta por el álgebra y el análisis? La identificación de una anomalía presupone la existencia de regularidades que aquella desafía o desbarata. Dichas regularidades están necesariamente sujetas a cierta arbitrariedad. La definición del orden es relativa a un medio.

La vida, por ejemplo, ¿es una anomalía? Desde luego constituye un estado extraordinariamente atípico de la materia. Pero, más allá de eso, destaca por su singularidad: la vida no ha podido aparecer (en la Tierra) más que una sola vez, porque, al desarrollarse, ha destruido irreversiblemente las condiciones de su propia aparición[1]. La materia orgánica, una vez eclosionada la vida, nunca más tendrá la posibilidad de alcanzar un nivel de complejidad compatible con el resurgimiento de formas de vida primitivas. De hecho, será ingerida por los seres vivos ya presentes antes de volver a conseguirlo en potencia. Las extinciones masivas que jalonan nuestra historia nunca han sido verdaderos reinicios desde cero.

Más allá de estas preguntas abismales y literalmente existenciales, ¿qué se puede concluir de la acumulación de anomalías que gangrenan nuestro paradigma cosmológico? ¿Significan que la física es un fracaso? ¿Denotan un fiasco completo? Probablemente no sea así.

¿Apertura o peligro?

En ciencia se sabe muy bien que la anomalía es una suerte. O al menos una oportunidad. Es el impulso hacia el progreso futuro, en su sentido más trivial. Impone la reorientación teórica que permitirá comprender mejor una parte de la realidad. Los físicos esperan la anomalía como agua en mayo: nada les resulta más penoso que los períodos inertes durante los cuales ninguna observación empaña los modelos estándar. Porque entonces no pueden orientar sus investigaciones hacia la resolución de un problema. Más vale conocer el obstáculo que superar.

Arthur Schopenhauer explicaba que si la ciencia se sorprende de lo que escapa a las regularidades identificadas, la

---

1. Véase Frédéric Davis, «Les grandes étapes de l'histoire du vivant».

filosofía, por su parte, se sorprende de la existencia misma de esas series homogéneas o monótonas. La definición de lo intrigante o de lo insólito está no tanto en el evento mismo como en la desviación respecto a un marco conceptual en gran parte contractual. Respecto a una anticipación.

De todos modos, la anomalía –cualquiera que sea su régimen de legitimidad– tiene aquí el valor de reveladora de una investigación que desarrollar o de una mejora que realizar. A veces, incluso, de una revolución que llevar a cabo. Se plantea así una pregunta esencial: ¿por qué la anomalía no juega un papel similar desde el punto de vista social o político?

Se admite y se comprende que nuestra organización económico-política es un proceso suicida. El calentamiento global, la destrucción de los espacios naturales, la esterilización de los suelos y la contaminación insostenible conducen a la sexta extinción masiva. El problema no es tecnológico, es axiológico: la vida se considera hoy un simple recurso y no un fin en sí misma. Paralelamente a la catástrofe ecológica, los estragos de las desigualdades sociales, del neocolonialismo y de los diferentes regímenes de opresión e invisibilización se ponen de manifiesto cada día con mayor agudeza. La estupidez endémica de las obsesiones empresariales deshumanizantes, de la proliferación literalmente tumoral de las prácticas de gestión y de las ubicuas comisiones, del reinado creciente de las máquinas y los programas informáticos, de la glorificación de prácticas mortíferas, deslumbra en estos tiempos con una triste laxitud. Sin embargo, incluso frente a esta situación desastrosa, la inercia sigue siendo la regla, tal vez incluso la ley. Las redes sociales difunden sus calumnias y glorifican el vacío mientras que se omite o se denigra el pensamiento genuinamente exploratorio.

Lejos de los imprescindibles cuestionamientos radicales –a todos los niveles–, la cultura europea (en sentido amplio[2]) se encierra en una escalada defensora de valores ya periclitados. Entre veleidades belicosas y desdeñosa tolerancia, olvida al «otro» como lo que es: un mundo en tanto que tal y una reserva inagotable de posibilidades.

En este sentido, la falta de consideración por la anomalía se convierte sin duda en la verdadera anomalía. Mientras que la extrañeza constituye en física la señal esperada a partir de la cual se despliega la creación, el extranjero se ha convertido, en política, en la temida perturbación hacia la cual se dirige la represión. La fobia a la alteridad profunda –mientras se pone de manifiesto lo insostenible de lo banal[3]– contribuye drásticamente a atrofiar o decolorar los devenires. A pesar de que hacer nuestros los conjuntos de valores y prácticas que están en desacuerdo con el modelo dominante sería, literalmente, una opción de supervivencia, nos empantanamos en un rechazo de todo lo que es diferente.

En realidad, los modos de ser del Occidente contemporáneo instituyen, como tales, una meta-anomalía frente a los fundamentos de lo viviente. Como también frente a sus propios principios éticos, al menos tal como son enunciados y contemplados en abstracto. Hoy día vivimos la experiencia de una normalidad muy anómala. Por inercia, por facilidad,

---

2. En el sentido en que, por ejemplo, el grandísimo poeta africano Sony Labou Tansi incluía ahí –entre otros– los Estados Unidos.

3. Este «descubrimiento» se refiere solo a los países ricos que toman conciencia de la fragilidad de sus construcciones ante el derrumbe que necesariamente sufrirán. Muchas otras culturas, víctimas del colonialismo y la violencia sistémica, conocen desde hace mucho tiempo este régimen de precariedad generalizada.

por suficiencia y por costumbre hemos dado en considerar que una situación de evidente inestabilidad ecológica –que no es una opinión sino un *hecho*[4]– y de creciente precariedad social podría constituir un estado viable y envidiable. Hemos inventado una anomalía global que se ignora todavía como tal y que está llevando toda la biosfera a un punto de ruptura. Extraño suicidio que, llevándose consigo tantas víctimas colaterales, roza en realidad con el asesinato en masa.

El desafío, para los investigadores, no es encontrar ideas felices de carácter técnico. Tendrían más o menos el mismo efecto que el paracetamol ante un cáncer generalizado. Se trata –mucho más profundamente– de no pensar más que con el deseo incondicional de una deconstrucción radical del orden heredado. Mañana será completamente diferente o no será.

4. Nietzsche recordaba que no hay hechos, sino únicamente interpretaciones. Esta es una advertencia aceptable para permanecer atentos a los marcos en los que se consideran los «hechos». Sin embargo, la situación, aquí, es tan desastrosa que parece difícil imaginar el menor sistema de pensamiento en el que pueda tener sentido.

Epílogo
De la gracia de lo anormal

La incoherencia más perniciosa es siempre la más insidiosa. Dicho con otras palabras: la anomalía cardinal –la que permitiría la revolución más deslumbrante– generalmente no está todavía identificada como tal. Enmascarada por el anquilosamiento del pensamiento, es tan enorme, tan considerable, tan dramáticamente presente que preferimos creerla consustancial a una forma de insuperable necesidad. Este es sin duda el caso del régimen de *crimen contra el futuro* que manifiestamente se instala en la sociedad tecnonihilista de hoy día. Todavía no es «anormal». Inevitablemente lo será, cuando hayan cedido todos los diques. Se revelará en el crepúsculo.

En el campo de las ciencias físicas, resolver las anomalías, inventar las teorías que las absorban o los experimentos que las reabsorban, no es, obviamente, tarea fácil. Se trata claramente del desafío más emocionante al que se enfrentan los jóvenes investigadores, que tendrán que triunfar en los mundos donde sus predecesores fracasaron. Pero más profunda aún es la tarea –no comparable con ninguna otra– de identificar una anomalía allí donde, hasta entonces, solo se ha visto el orden inmemorial de una realidad intangible. La creación tiene siempre que ver con el descubrimiento de una contingencia.

Ver la anomalía en las nervaduras de un mundo en el que solo se habían detectado las sordas evidencias de leyes inexorables. Tal es el privilegio del inventor. Y su golpe de genialidad.

El envite no puede consistir en pronunciarse *a priori* sobre los beneficios o perjuicios vinculados a la ocurrencia de las anomalías. Consiste en descubrir que solo es posible pensar contra uno mismo. Que lo normal, en esencia, es tan insípido como triste. Tan aburrido como insignificante. Solo es cuestión de considerar la brecha. Como el funambulista.

Lo extraño es bello. No de esa belleza helada y radiante cuyo brillo deslumbra, impresiona o intimida. Se trataría más bien de la belleza truculenta y casi jocosa de lo bizarro que evocaba Baudelaire. La anomalía es hermosa en su ser, exquisita en su mera existencia. Obliga a bifurcar e invita a excavar. Impone un drástico recontorneo de lo comprendido y de lo conocido. Abre una brecha en los perfiles de lo aprehendido. Con la temeridad indolente y obstinada de aquello que no supone ni deber ni memoria.

$$\begin{aligned}
\mathcal{L}_{SM} = &-\tfrac{1}{2}\partial_\nu g^a_\mu \partial_\nu g^a_\mu - g_s f^{abc}\partial_\mu g^a_\nu g^b_\mu g^c_\nu - \tfrac{1}{4}g_s^2 f^{abc}f^{ade}g^b_\mu g^c_\nu g^d_\mu g^e_\nu - \partial_\nu W^+_\mu \partial_\nu W^-_\mu - \\
&M^2 W^+_\mu W^-_\mu - \tfrac{1}{2}\partial_\nu Z^0_\mu \partial_\nu Z^0_\mu - \tfrac{1}{2c_w^2}M^2 Z^0_\mu Z^0_\mu - \tfrac{1}{2}\partial_\mu A_\nu \partial_\mu A_\nu - igc_w(\partial_\nu Z^0_\mu(W^+_\mu W^-_\nu - \\
&W^+_\nu W^-_\mu) - Z^0_\nu(W^+_\mu \partial_\nu W^-_\mu - W^-_\mu \partial_\nu W^+_\mu) + Z^0_\mu(W^+_\nu \partial_\nu W^-_\mu - W^-_\nu \partial_\nu W^+_\mu)) - \\
&igs_w(\partial_\nu A_\mu(W^+_\mu W^-_\nu - W^+_\nu W^-_\mu) - A_\nu(W^+_\mu \partial_\nu W^-_\mu - W^-_\mu \partial_\nu W^+_\mu) + A_\mu(W^+_\nu \partial_\nu W^-_\mu - \\
&W^-_\nu \partial_\nu W^+_\mu)) - \tfrac{1}{2}g^2 W^+_\mu W^-_\mu W^+_\nu W^-_\nu + \tfrac{1}{2}g^2 W^+_\mu W^-_\nu W^+_\mu W^-_\nu + g^2 c_w^2(Z^0_\mu W^+_\mu Z^0_\nu W^-_\nu - \\
&Z^0_\mu Z^0_\nu W^+_\mu W^-_\nu) + g^2 s_w^2(A_\mu W^+_\mu A_\nu W^-_\nu - A_\mu A_\mu W^+_\nu W^-_\nu) + g^2 s_w c_w(A_\mu Z^0_\nu(W^+_\mu W^-_\nu - \\
&W^+_\nu W^-_\mu) - 2A_\mu Z^0_\mu W^+_\nu W^-_\nu) - \tfrac{1}{2}\partial_\mu H \partial_\mu H - 2M^2 \alpha_h H^2 - \partial_\mu \phi^+ \partial_\mu \phi^- - \tfrac{1}{2}\partial_\mu \phi^0 \partial_\mu \phi^0 - \\
&\beta_h\left(\tfrac{2M^2}{g^2} + \tfrac{2M}{g}H + \tfrac{1}{2}(H^2 + \phi^0\phi^0 + 2\phi^+\phi^-)\right) + \tfrac{2M^4}{g^2}\alpha_h - \\
&g\alpha_h M\left(H^3 + H\phi^0\phi^0 + 2H\phi^+\phi^-\right) - \\
&\tfrac{1}{8}g^2\alpha_h\left(H^4 + (\phi^0)^4 + 4(\phi^+\phi^-)^2 + 4(\phi^0)^2\phi^+\phi^- + 4H^2\phi^+\phi^- + 2(\phi^0)^2 H^2\right) - \\
&gMW^+_\mu W^-_\mu H - \tfrac{1}{2}g\tfrac{M}{c_w^2}Z^0_\mu Z^0_\mu H - \\
&\tfrac{1}{2}ig\left(W^+_\mu(\phi^0\partial_\mu\phi^- - \phi^-\partial_\mu\phi^0) - W^-_\mu(\phi^0\partial_\mu\phi^+ - \phi^+\partial_\mu\phi^0)\right) + \\
&\tfrac{1}{2}g\left(W^+_\mu(H\partial_\mu\phi^- - \phi^-\partial_\mu H) + W^-_\mu(H\partial_\mu\phi^+ - \phi^+\partial_\mu H)\right) + \tfrac{1}{2}g\tfrac{1}{c_w}(Z^0_\mu(H\partial_\mu\phi^0 - \phi^0\partial_\mu H) + \\
&M\left(\tfrac{1}{c_w}Z^0_\mu\partial_\mu\phi^0 + W^+_\mu\partial_\mu\phi^- + W^-_\mu\partial_\mu\phi^+\right) - ig\tfrac{s_w^2}{c_w}MZ^0_\mu(W^+_\mu\phi^- - W^-_\mu\phi^+) + igs_w MA_\mu(W^+_\mu\phi^- - \\
&W^-_\mu\phi^+) - ig\tfrac{1 - 2c_w^2}{2c_w}Z^0_\mu(\phi^+\partial_\mu\phi^- - \phi^-\partial_\mu\phi^+) + igs_w A_\mu(\phi^+\partial_\mu\phi^- - \phi^-\partial_\mu\phi^+) - \\
&\tfrac{1}{4}g^2 W^+_\mu W^-_\mu(H^2 + (\phi^0)^2 + 2\phi^+\phi^-) - \tfrac{1}{8}g^2\tfrac{1}{c_w^2}Z^0_\mu Z^0_\mu(H^2 + (\phi^0)^2 + 2(2s_w^2 - 1)^2\phi^+\phi^-) - \\
&\tfrac{1}{2}g^2\tfrac{s_w^2}{c_w}Z^0_\mu\phi^0(W^+_\mu\phi^- + W^-_\mu\phi^+) - \tfrac{1}{2}ig^2\tfrac{s_w^2}{c_w}Z^0_\mu H(W^+_\mu\phi^- - W^-_\mu\phi^+) - g^2\tfrac{s_w}{2c_w}(2c_w^2 - 1)Z^0_\mu A_\mu\phi^+\phi^- - \\
&g^2 s_w^2 A_\mu A_\mu\phi^+\phi^- + \tfrac{1}{2}ig_s \lambda^a_{ij}(\bar{q}^\sigma_i\gamma^\mu q^\sigma_j)g^a_\mu - \bar{e}^\lambda(\gamma\partial + m^\lambda_e)e^\lambda - \bar{\nu}^\lambda(\gamma\partial + m^\lambda_\nu)\nu^\lambda - \bar{u}^\lambda_j(\gamma\partial + \\
&m^\lambda_u)u^\lambda_j - \bar{d}^\lambda_j(\gamma\partial + m^\lambda_d)d^\lambda_j + igs_w A_\mu\left(-(\bar{e}^\lambda\gamma^\mu e^\lambda) + \tfrac{2}{3}(\bar{u}^\lambda_j\gamma^\mu u^\lambda_j) - \tfrac{1}{3}(\bar{d}^\lambda_j\gamma^\mu d^\lambda_j)\right) + \\
&\tfrac{ig}{4c_w}Z^0_\mu\{(\bar{\nu}^\lambda\gamma^\mu(1 + \gamma^5)\nu^\lambda) + (\bar{e}^\lambda\gamma^\mu(4s_w^2 - 1 - \gamma^5)e^\lambda) + (\bar{d}^\lambda_j\gamma^\mu(\tfrac{4}{3}s_w^2 - 1 - \gamma^5)d^\lambda_j) + \\
&(\bar{u}^\lambda_j\gamma^\mu(1 - \tfrac{8}{3}s_w^2 + \gamma^5)u^\lambda_j)\} + \tfrac{ig}{2\sqrt{2}}W^+_\mu\left((\bar{\nu}^\lambda\gamma^\mu(1 + \gamma^5)U^{lep}_{\lambda\kappa}e^\kappa) + (\bar{u}^\lambda_j\gamma^\mu(1 + \gamma^5)C_{\lambda\kappa}d^\kappa_j)\right) + \\
&\tfrac{ig}{2\sqrt{2}}W^-_\mu\left((\bar{e}^\kappa U^{lep\dagger}_{\kappa\lambda}\gamma^\mu(1 + \gamma^5)\nu^\lambda) + (\bar{d}^\kappa_j C^\dagger_{\kappa\lambda}\gamma^\mu(1 + \gamma^5)u^\lambda_j)\right) + \\
&\tfrac{ig}{2M\sqrt{2}}\phi^+\left(-m^\kappa_e(\bar{\nu}^\lambda U^{lep}_{\lambda\kappa}(1 - \gamma^5)e^\kappa) + m^\lambda_\nu(\bar{\nu}^\lambda U^{lep}_{\lambda\kappa}(1 + \gamma^5)e^\kappa)\right) + \\
&\tfrac{ig}{2M\sqrt{2}}\phi^-\left(m^\lambda_e(\bar{e}^\lambda U^{lep\dagger}_{\lambda\kappa}(1 + \gamma^5)\nu^\kappa) - m^\kappa_\nu(\bar{e}^\lambda U^{lep\dagger}_{\lambda\kappa}(1 - \gamma^5)\nu^\kappa)\right) - \tfrac{g}{2}\tfrac{m^\lambda_\nu}{M}H(\bar{\nu}^\lambda\nu^\lambda) - \\
&\tfrac{g}{2}\tfrac{m^\lambda_e}{M}H(\bar{e}^\lambda e^\lambda) + \tfrac{ig}{2}\tfrac{m^\lambda_\nu}{M}\phi^0(\bar{\nu}^\lambda\gamma^5\nu^\lambda) - \tfrac{ig}{2}\tfrac{m^\lambda_e}{M}\phi^0(\bar{e}^\lambda\gamma^5 e^\lambda) - \tfrac{1}{4}\bar{\nu}_\lambda M^R_{\lambda\kappa}(1 - \gamma_5)\hat{\nu}_\kappa - \\
&\tfrac{1}{4}\bar{\nu}_\lambda M^R_{\lambda\kappa}(1 - \gamma_5)\hat{\nu}_\kappa + \tfrac{ig}{2M\sqrt{2}}\phi^+\left(-m^\kappa_d(\bar{u}^\lambda_j C_{\lambda\kappa}(1 - \gamma^5)d^\kappa_j) + m^\lambda_u(\bar{u}^\lambda_j C_{\lambda\kappa}(1 + \gamma^5)d^\kappa_j)\right) + \\
&\tfrac{ig}{2M\sqrt{2}}\phi^-\left(m^\lambda_d(\bar{d}^\lambda_j C^\dagger_{\lambda\kappa}(1 + \gamma^5)u^\kappa_j) - m^\kappa_u(\bar{d}^\lambda_j C^\dagger_{\lambda\kappa}(1 - \gamma^5)u^\kappa_j)\right) - \tfrac{g}{2}\tfrac{m^\lambda_u}{M}H(\bar{u}^\lambda_j u^\lambda_j) - \\
&\tfrac{g}{2}\tfrac{m^\lambda_d}{M}H(\bar{d}^\lambda_j d^\lambda_j) + \tfrac{ig}{2}\tfrac{m^\lambda_u}{M}\phi^0(\bar{u}^\lambda_j\gamma^5 u^\lambda_j) - \tfrac{ig}{2}\tfrac{m^\lambda_d}{M}\phi^0(\bar{d}^\lambda_j\gamma^5 d^\lambda_j) + \bar{G}^a\partial^2 G^a + g_s f^{abc}\partial_\mu\bar{G}^a G^b g^c_\mu + \\
&\bar{X}^+(\partial^2 - M^2)X^+ + \bar{X}^-(\partial^2 - M^2)X^- + \bar{X}^0(\partial^2 - \tfrac{M^2}{c_w^2})X^0 + \bar{Y}\partial^2 Y + igc_w W^+_\mu(\partial_\mu\bar{X}^0 X^- - \\
&\partial_\mu\bar{X}^+ X^0) + igs_w W^+_\mu(\partial_\mu\bar{Y}X^- - \partial_\mu\bar{X}^+ Y) + igc_w W^-_\mu(\partial_\mu\bar{X}^- X^0 - \\
&\partial_\mu\bar{X}^0 X^+) + igs_w W^-_\mu(\partial_\mu\bar{X}^- Y - \partial_\mu\bar{Y}X^+) + igc_w Z^0_\mu(\partial_\mu\bar{X}^+ X^+ - \\
&\partial_\mu\bar{X}^- X^-) - \tfrac{1}{2}gM\left(\bar{X}^+ X^+ H + \bar{X}^- X^- H + \tfrac{1}{c_w^2}\bar{X}^0 X^0 H\right) + \tfrac{1 - 2c_w^2}{2c_w}igM\left(\bar{X}^+ X^0\phi^+ - \bar{X}^- X^0\phi^-\right) + \\
&\tfrac{1}{2c_w}igM\left(\bar{X}^0 X^-\phi^+ - \bar{X}^0 X^+\phi^-\right) + igMs_w\left(\bar{X}^0 X^-\phi^+ - \bar{X}^0 X^+\phi^-\right) + \\
&\tfrac{1}{2}igM\left(\bar{X}^+ X^+\phi^0 - \bar{X}^- X^-\phi^0\right).
\end{aligned}$$

Esta fórmula representa nuestra mejor descripción de la física de partículas elementales. Constituye, para un teórico, una excelente explicación. Pero ¿constituye una auténtica comprensión? Las respuestas varían en función de los criterios. También es posible, mediante un simple juego formal, reescribir la misma ley en una forma mucho más densa, concisa y matemáticamente elegante. El sentido del signo se elabora en la inquietud de lo urdido. Al borde de lo decible. Y a la espera de las posibilidades. (Imagen de M. Marcolli).

Agradecimientos

Agradezco a Mamá su irremplazable lectura, atenta y benévola. Gracias a mi tío por los ánimos tan esenciales que me infundió.

Vaya aquí mi agradecimiento a todos los traidores a la inercia sistémica. A los indígenas y los bárbaros, a los piratas del logos y a los bandidos del cosmos. A los poetas del desorden y a los lamedores de estrellas. Mi agradecimiento a los insolentes y a los inapropiados, a los desertores del confort y a los funámbulos de lo inestable.

Glosario

Agujero negro

Zona del espacio en la que es posible entrar pero de la que es imposible salir. Los agujeros negros son esferas de radio proporcional a la masa.

Axiomática

Conjunto de hipótesis y postulados que fundamentan un sistema teórico.

Bosón de Higgs

Descubierto en 2012 en el acelerador LHC del CERN, esta partícula fue introducida teóricamente en la década de 1960 por François Englert, Robert Brout y Peter Higgs. Está ligada a la masa, pero debe considerarse sobre todo como aquello que «rompe» la unificación de la interacción nuclear débil y la fuerza electromagnética. Se trata de una piedra angular del modelo estándar de altas energías.

Campo gravitatorio

En la visión newtoniana, el campo gravitatorio es algo que llena el espacio alrededor de una masa y permite calcular el efecto de atracción de esta masa sobre otros cuerpos. En la acepción einsteiniana, es más bien una deformación de la geometría del espaciotiempo.

Cúmulo globular

Conjunto de estrellas de forma esférica. Dentro de nuestra galaxia, la Vía Láctea, hay más de un centenar de estos cúmulos.

Desplazamiento espectral

Debido a la expansión del universo, las ondas emitidas por un objeto distante son recibidas en la Tierra con una longitud de onda más grande (y una frecuencia más baja). Este fenómeno permite conocer la velocidad a la que una galaxia se aleja de la nuestra y, gracias a la ley de Hubble, deducir su distancia.

Estrella de neutrones

Resultantes del colapso de estrellas masivas, las estrellas de neutrones son objetos celestes muy pequeños y muy densos (alrededor de kg/m^3).

Fuerza nuclear débil

Una de las cuatro interacciones fundamentales conocidas en física. Es responsable de la desintegración radiactiva de ciertos núcleos.

Fuerza nuclear fuerte

Una de las cuatro interacciones fundamentales conocidas en física. Es responsable de la cohesión de los núcleos atómicos.

Geometría algebraica

Campo de las matemáticas históricamente ligado al estudio de curvas y superficies cuyos puntos verifican ecuaciones de características particulares. En el siglo XX experimentó una ampliación radical, tocando, en particular, la teoría de números, las funciones complejas y la topología.

Gravedad cuántica

Tentativa de reconciliar los principios de la relatividad general con la mecánica cuántica. Hasta la fecha no existe ninguna teoría consensuada y bien establecida. La teoría de cuerdas y la gravedad cuántica de bucles son los principales actores de esta pieza.

Leptón

Partícula elemental que no está sometida a las interacciones nucleares fuertes (por ejemplo, el electrón).

Materia oscura fría

La parte (presumiblemente dominante) de la materia oscura que se mueve a velocidades pequeñas en comparación con la de la luz.

Número cuántico

Valor de una cantidad conservada en la evolución de un sistema.

Partícula elemental

Entidad fundamental que no está constituida por objetos más pequeños. Es el caso de los quarks y los leptones. Por supuesto, nada garantiza que tal afirmación siga siendo eternamente cierta, pero eso mismo ocurre con cualquier enunciado científico.

Quark

Partícula elemental que, en concreto, forma la materia en el corazón de los núcleos atómicos.

Radiación fósil

También llamada «primera luz del universo», la radiación fósil, en la cual estamos inmersos, constituye una reliquia del cosmos primordial, emitida (o más bien liberada) unos 380 000 años después del Big Bang. Su temperatura actual es un poco inferior a los 3 kelvin.

Ruptura de simetría

Se trata de una situación en la que la solución es menos simétrica que la ecuación. Un lápiz colocado verticalmente sobre la punta es inicialmente simétrico por rotación alrededor de su eje, así como por todas las fuerzas que actúan sobre él. Después de caer, apunta en una dirección determinada y presenta una simetría rota.

Singularidad

En matemáticas, una singularidad es el lugar donde un objeto deja de estar correctamente definido, donde pierde algunas de sus propiedades esenciales. Por ejemplo, el punto «cero» es una singularidad para la función «inversa».

Teoría cuántica de campos

Aplicación de los conceptos de la mecánica cuántica a un sistema particular, llamado «campo», que llena el espacio. Este es el marco en el que se desarrolla la física de partículas elementales.

Teoría de campo efectiva

Es una aproximación a una teoría subyacente más precisa y fundamental. Cuando estamos interesados en un cierto «tamaño característico», los efectos físicos relacionados con fenómenos mucho más pequeños pueden promediarse. Este enfoque es muy útil en la física de partículas y en la física de la materia condensada.

Teoría gauge

Tipo especial de teoría de campos que responde a ciertos principios de simetría. Estas teorías son esenciales para describir los fenómenos de altas energías.

Unidad astronómica

Distancia aproximada entre la Tierra y el Sol, es decir, 150 millones de kilómetros.

Lecturas suplementarias

Jim Baggott, *La particule de Dieu*, Dunod, 2013

Aurélien Barrau, *Chaos Multiples*, Galilée, 2017

—, *Des univers multiples*, Dunod, 2017

—, *Au cœur des trous noirs*, Dunod, 2017

—, *De la vérité dans les sciences*, Dunod, 2019

Gianfranco Bertone, *Le mystère de la matière noire*, Dunod, 2015

Pierre Binétruy, *À la poursuite des ondes gravitationnelles*, Dunod, 2016

Jacques Derrida, *Apories*, Galilée, 1996 [Hay trad. castellana: *Aporías*, Ediciones Paidós Ibérica, 1998]

Philippe Descola, *Par-delà nature et culture*, Gallimard, 2005

Hervé Dole, *Le côté obscur de l'Univers*, Dunod, 2020

Jean Genet, *Le journal du voleur*, Gallimard, 1982 [Hay trad. castellana: *Diario del ladrón*, Ed. Seix Barral, 1994]

Alexandre Grothendieck, *Récoltes et semailles*, Gallimard, 2022

—, *La clé des songes*, disponible en línea

Thomas Kuhn, *La estructura de las revoluciones científicas*, Fondo de Cultura Económica, 2017

Sony Labou Tansi, *Poèmes*, CNRS, 2015

Bruno Latour, *Sur le culte moderne des dieux faitiches*, La Découverte, 2009

Jean-Pierre Luminet, *Le destin de l'Univers*, Fayard, 2012

Yann Mambrini, *Newton à la plage*, Dunod, 2021

Jean-Clet Martin, *Derrida, un démantèlement de l'Occident*, Max Milo, 2013

Jean-Luc Nancy, *Le sens du monde*, Galilée, 1993

Roger Penrose, *El camino a la realidad: una guía completa de las leyes del universo*, Ed. Debate, 2006

Clifford A. Pickover, *El libro de la física*, Librero, 2014

Carlo Rovelli, *El orden del tiempo*, Anagrama, 2018

—, *El nacimiento del pensamiento científico*, Herder Editorial, 2018

—, *Par-delà le visible*, Flammarion, 2021

—, *Écrits vagabonds*, Flammarion, 2021

—, *¿Y si el tiempo no existiera?,* Herder Editorial, 2019

—, *Helgoland,* Ed. Anagrama, 2022

Lee Smolin, *La revolución inacabada de Einstein: Más allá de la física cuántica*, Pasado y Presente, 2020

Dénétèm Touam Bona, *Sagesse des lianes*, Post-éditions, 2021

Jean-Philippe Uzan y Bénédicte Leclercq, *L'importance des constantes: De la mesure au cosmos*, Dunod, 2020

Louisa Yousfi, *Rester Barbare*, La fabrique, 2022

Índice analítico